Diese Mitteilungen setzen eine von Erich Regener begründete Reihe fort, deren Hefte am Ende dieser Arbeit genannt sind.

Bis Heft 19 wurden die Mitteilungen herausgegeben von J. Bartels und W. Dieminger. Von Heft 20 an zeichnen W. Dieminger, A. Ehmert und G. Pfotzer als Herausgeber.

Das Max-Planck-Institut für Aeronomie vereinigt zwei Institute, das Institut für Stratosphärenphysik und das Institut für Ionosphärenpyhsik.

Ein (S) oder (I) beim Titel deutet an, aus welchem Institut die Arbeit stammt.

Anschrift der beiden Institute:

3411 Lindau

ÜBER EIN OZON-REGISTRIERGERÄT
UND UNTERSUCHUNG DER ZEITLICHEN UND RÄUMLICHEN
VARIATIONEN DES TROPOSPHÄRISCHEN OZONS
AUF DER NORDHALBKUGEL DER ERDE

von

PAUL GERD PRUCHNIEWICZ

ISBN 978-3-540-05208-1 ISBN 978-3-642-47849-9 (eBook)
DOI 10.1007/978-3-642-47849-9

Inhaltsverzeichnis

1. Einleitung und Problemstellung 5

2. Ein Gerät zur automatischen Registrierung des Ozongehaltes bodennaher Luft 7

   2.1 Das Meßprinzip 7
   2.2 Die Ozonregistrieranlage 8
      2.21 Technische Ausführung 8
      2.22 Der Meßprozeß in der Reaktionsküvette 12
         2.221 Der Meßprozeß bei konstantem Ozongehalt der Luft 12
         2.222 Der Meßprozeß bei starken Änderungen des Ozongehaltes 14
      2.23 Ein elektrisches Ersatzschaltbild für den Meßprozeß in der Reaktionsküvette ... 15
      2.24 Die Erzeugung der Elektrodenspannung und die Registrierung des Depolarisationsstromes 16
      2.25 Eichung der Apparatur mit Hilfe des Jodmeterverfahrens und Vergleich verschiedener Meßwerte mit der nach 2.222 theoretisch ermittelten Eichkurve 18
      2.26 Experimentelle Bestimmung der Zeitkonstanten τ der Ozon-Registrieranlage .. 21

   2.3 Diskussion der Meßergebnisse 23
      2.31 Vergleich der Ozonregistrierungen bodennaher Luft an den verschiedenen Stationen 23
      2.32 Zusammenhang zwischen den Maximalwerten des bodennahen Ozons und der mittleren troposphärischen Ozonkonzentration 24
      2.33 Deutung der Häufigkeitsverteilung der Ozon-Tagesmaxima auf die Stundenintervalle an drei ausgesuchten Stationen 25

3. Untersuchung der zeitlichen und räumlichen Variationen des troposphärischen Ozons auf der Nordhalbkugel der Erde 29

   3.1 Zeitliche Variationen des troposphärischen Ozons als Folge des stratosphärisch-troposphärischen Austausches 29
      3.11 Der großräumige Ozonkreislauf und der Austausch zwischen der Stratosphäre und der Troposphäre 29
      3.12 Troposphärische Ozonkonzentration als Funktion des stratosphärischen Ozonbetrages in der bestehenden Theorie 30
      3.13 Kritische Anmerkungen zu 3.12 31
         3.131 Jahresgang des troposphärischen Ozons und des bodennahen Ozons in mittleren Breiten 31
         3.132 Kurzzeitige relative Änderungen des Ozongehaltes in der Troposphäre .. 32
         3.133 Korrelation zwischen dem Ozongehalt der Stratosphäre und der Troposphäre 35
      3.14 Deutung der zeitlichen Variationen des troposphärischen Ozons unter Berücksichtigung der Windströmungen in der Tropopausenregion 35
         3.141 Vergleich der Monatsmittel des troposphärischen Ozons mit den Monatsmitteln der maximalen Skalarwind-Geschwindigkeit in der Tropopausenregion über Berlin von 1967 - 1968 35

3.142 Funktionaler Zusammenhang zwischen dem troposphärischen Ozon und und der maximalen Skalarwind-Geschwindigkeit. 38

3.143 Ein Schemabild zur Erklärung der Zuflußrate des Ozons aus der unteren Stratosphäre in die Troposphäre 40

3.2 Großräumige Variationen des troposphärischen Ozons 41

3.21 Jahresmittelwerte der troposphärischen Ozonkonzentration als Funktion der geographischen Breite 43

3.22 Jahreszeitliche Verschiebung des troposphärischen Ozonmaximums auf der Nordhalbkugel 44

3.23 Die großräumigen Ozonvariationen in der Troposphäre als Folge des globalen Ozonkreislaufs in der Stratosphäre 45

Zusammenfassung 48

Summary 49

Literaturverzeichnis 51

Anhang: Dauerregistrierungen des Bodenozons 54

1. Einleitung und Problemstellung

Die Zirkulation der Luftmassen um die Erde ist noch in vielen Punkten ungeklärt. Deshalb werden zur Zeit die bei diesem Vorgang ablaufenden großräumigen Prozesse und ihr Ineinandergreifen in der Troposphäre und Stratosphäre in internationalen Forschungsprogrammen mit Vorrang untersucht, z.B. im Projekt des Global Atmospheric Research. Das Ergebnis dieser Arbeiten ist unter anderem für die mittel- und langfristige Wettervorhersage äußerst wichtig.

Bei der Aufklärung der großräumigen Bewegungen der Luftmassen bietet das atmosphärische Ozon besondere Vorteile.

Das atmosphärische Ozon befindet sich in seinen Entstehungsgebieten in einer Höhe oberhalb 25 bis 30 km im fotochemischen Gleichgewicht [CHAPMAN, 1930; E. REGENER, 1941; PAETZOLD und E. REGENER, 1957; DÜTSCH, 1968].

Unterhalb von 25 km Höhe entfallen jedoch die Neubildung von Ozon und die Ozonzerstörung weitgehend. Dementsprechend ändert sich der für einen Luftkörper charakteristische Ozongehalt nur sehr langsam. Folglich erweist sich das Ozon für Untersuchungen großräumiger Luftbewegungen unterhalb 25 km Höhe und für das Studium des stratosphärischen-troposphärischen Austausches als geeigneter Indikator [E. REGENER, 1941; EHMERT, 1944; DÜTSCH, 1946; NEWELL, 1963].

Ein zunehmendes Interesse an Messungen des atmosphärischen Ozons mit dem Ziel seiner Verwendung als Tracersubstanz ist auch damit zu erklären, daß andere Tracerkonzentrationen wie die Konzentration von Sr 90 und anderen Spaltprodukten seit dem Testmoratorium durch interhemisphärische Mischung und Fallout in der Atmosphäre so minimal geworden sind, daß sie für Untersuchungen von Zirkulationsbewegungen und für die Messung des stratosphärischen-troposphärischen Austausches nicht mehr ausreichen.

Ein größeres Meßprogramm mit regelmäßigen Ozon-Radiosondenaufstiegen läuft seit 1963 in Nordamerika [HERING und BORDEN, 1965; DÜTSCH, 1966; KOMHYR, 1968]. Seit 1966 führt man ebenfalls an 5 europäischen Stationen regelmäßig Ozon-Sondenaufstiege aus [SCHERHAG, 1967; ATTMANNSPACHER, 1968]. Das weitaus überwiegende Interesse bestand bisher an der Untersuchung des stratosphärischen Ozons [E. REGENER, 1941; MOSER, 1949; DÜTSCH, 1962; NEWELL, 1963; FABIAN, 1967; BREWER und WILSON, 1968].

Untersuchungen, die das troposphärische Ozon betreffen, findet man dagegen bisher in der Literatur relativ selten [EHMERT, 1949; JUNGE, 1962; WARMBT, 1964].

Als Grund für die Spärlichkeit troposphärischer Ozonmessungen ist die außerordentlich geringe Konzentration (ppm-Bereich) des Ozons in der Troposphäre zu nennen.

Bis vor wenigen Jahren benutzte man bei den Radiosondenaufstiegen Sonden mit optischen Systemen, deren Genauigkeit zu gering war, um unterhalb der Tropopause brauchbare Ergebnisse zu liefern.

Andererseits waren die Messungen des Ozongehaltes an Bodenstationen mit den bisher üblichen chemischen Bestimmungsmethoden äußerst mühevoll. Homogene Meßreihen bodennaher Luft und vom Flugzeug aus mit eingehendem Studium lokaler Effekte liegen deshalb nur vereinzelt vor [EHMERT, 1949]. Messungen in labormäßigem Routinebetrieb blieben dagegen von zahlreichen Fehlerquellen nicht verschont. Bei netzmäßiger Messung des bodennahen Ozons ergaben sich schließlich nach WARMBT eine Reihe von "Inhomogenitäten im Beobachtungsmaterial durch fehlerhafte Arbeit des nicht ausreichend geschulten Personals und durch nicht einheitliche Probeentnahme auf Grund von Unterschieden in der Ansaugleitung oder durch Nichtbeachtung lokaler anthropogener Effekte durch Abgasquellen".

1.

Ein Ziel der vorliegenden Arbeit war es deshalb, eine Vielfalt der bisherigen Fehlerquellen auszuschließen und ein Meßgerät zu entwickeln, welches eine weitgehend automatische und kontinuierliche Registrierung des Ozongehaltes bodennaher Luft ermöglicht.

Ein solches Gerät wird im ersten Teil der Arbeit in seinem technischen Aufbau und seiner Wirkungsweise beschrieben. Für den netzmäßigen Einsatz des Gerätes an sechs ausgewählten europäischen Stationen wurde der Prototyp in streng gleicher Bauweise vervielfältigt und mit gleichen Zusatzaggregaten (Pumpe, Elektronik, Schreiber) versehen.

Die Eichmessungen zeigten, daß die Geräte einheitlich arbeiten und das Ozon in gleicher Weise registrieren.

Die bisherigen ersten Meßergebnisse, die an den verschiedenen Stationen erzielt wurden, werden angegeben und diskutiert.

Im Hinblick auf die Zielsetzung des Gerätes, großräumige und kontinuierliche Erfassung des troposphärischen Ozons, wird im Rahmen der Auswertung der Meßergebnisse untersucht, inwieweit das bodennahe Ozon, insbesondere das Tagesmaximum, das troposphärische Ozon repräsentiert.

Die experimentelle Beantwortung dieser in der Ozonforschung noch offenen Frage setzte an einem Meßort Simultanmessungen des troposphärischen Ozons mit Ozon-Radiosonden und eine Dauerregistrierung des bodennahen Ozons voraus. Das Ergebnis dieser Vergleichsmessung wird diskutiert.

Im zweiten Teil der Arbeit sollte an Hand der bisherigen Ergebnisse des Stationennetzes und unter Hinzuziehung der Ergebnisse der Ozon-Radiosondenaufstiege (mit chemisch arbeitenden Sonden) verschiedener amerikanischer und europäischer Stationen die zeitlichen und großräumigen Variationen des troposphärischen Ozons studiert werden.

Die Auswertung eines inzwischen umfangreichen Sonden-Meßmaterials (z.T. 200 Aufstiege pro Jahr an einer Station) erlaubt eine weitgehend verfeinerte Wiedergabe der jahreszeitlichen Schwankungen des troposphärischen Ozons als mit dem bisherigen Beobachtungsmaterial möglich war. Dieses bestand bisher aus 4 Stundenwerten des Bodenozons pro Tag [DAUBERT, 1960; WARMBT, 1964] bzw. aus Meßergebnissen mit der für die Troposphäre nur bedingt brauchbaren Umkehrmethode [DÜTSCH, 1964].

Bei dieser Untersuchung zeigt sich, daß neben dem bekannten Maximum des troposphärischen Ozons im Frühjahr (April, Mai) übereinstimmend an allen Stationen in mittleren Breiten ein sekundäres Maximum im Sommer (Juli, August) auftritt.

Weiterhin lassen sich starke relative Änderungen des troposphärischen Ozons innerhalb von Tagen zu allen Jahreszeiten feststellen. Weitere Untersuchungen der vorliegenden Arbeit betreffen die Korrelation zwischen dem stratosphärischen und dem troposphärischen Ozongehalt.

Die Untersuchungen zeigen insgesamt, daß die Zuflußrate des Ozons aus der Stratosphäre in die Troposphäre nicht ausschließlich von der Größe des stratosphärischen Ozonbetrages abhängig ist.

Eine zufriedenstellende Erklärung für die Schwankungen der Ozon-Zuflußrate in die Troposphäre gelingt, wenn man die Wind-Strömungen in der Tropopausenregion berücksichtigt.

An Hand der Radiosondenaufstiege über Berlin von 1967-68 wird zwischen den Monatsmitteln des troposphärischen Ozons und der Skalarwind-Geschwindigkeit im hochtroposphärischen Windmaximum ein antiparalleler Gang festgestellt.

Für den Mechanismus, der die Ozon-Zuflußrate aus der Stratosphäre in die Troposphäre steuert, wird ein einfaches Modell angegeben.

Im letzten Teil der Arbeit werden die großräumigen Variationen des troposphärischen Ozons untersucht.

Die Auswertung der Ozonprofile mehrjähriger amerikanischer Radiosondenaufstiege zeigt, daß die Jahresmittelwerte des troposphärischen Ozons eine Breitenabhängigkeit aufweisen. Gleichzeitig ergibt sich, daß das Maximum im Jahresgang des troposphärischen Ozons in hohen Breiten früher als in niederen Breiten auftritt.

Diese spezifischen Merkmale der großräumigen troposphärischen Ozonvariationen werden abschließend als Folge des globalen Ozonkreislaufs in der Stratosphäre gedeutet.

2. Ein Gerät zur automatischen Registrierung des Ozongehaltes bodennaher Luft

2.1 Das Meßprinzip

Bringt man 2 Platin-Elektroden in eine neutrale KJ-Lösung, so beladen sie sich mit Jod. Es entsteht dabei zwischen den Elektroden und der Lösung eine Spannung, die eine weitere Anlagerung des Jods verhindert.

Wird nun an die Elektroden eine kleine Gleichspannung, unterhalb der Zersetzungsspannung der KJ-Lösung (0.54 V) gelegt, so wandern zur Anode J^--Ionen und geben dort ihre negative Ladung ab. Dabei wird die Anode durch Abscheidung von Jod, in Form von J_2, zur Jodelektrode.

Die Kathode wird in umgekehrter Weise durch Abgabe negativer Ladung an die zur Kathode diffundierenden H^+-Ionen zur Wasserstoffelektrode. Es entsteht insgesamt ein kurzdauernder Stromstoß, bis die verschiedene Polarisation der Elektroden die angelegte Spannung kompensiert.

Gelangt nun in die KJ-Lösung freies Jod, so diffundiert laufend ein kleiner Teil davon an die Kathode. J_2 besitzt ein höheres Oxydationspotential als die H^+-Ionen und kann dementsprechend laufend die Polarisation der Kathode verändern:

$$\text{Red} \rightleftharpoons \text{Ox} + \text{Elektr.} / \varepsilon_o \text{ (Volt)} \quad \varepsilon_o = \text{Normalpotential}$$
$$H_2 \rightleftharpoons 2H^+ + 2e / \pm 0.00$$
$$2J^- \rightleftharpoons J_2 + 2e / \pm 0.54 \;.$$

Der Umladungsvorgang an der Kathode lautet mithin:

$$J_2 + 2e \rightarrow 2J^- \tag{1}$$

Das Potential der Kathode wird durch die Elektronenabgabe positiver. Da die von außen eingeprägte und konstant gehaltene Spannung weiterhin kompensiert werden muß, geben an der Anode zum Ausgleich Jod-Ionen ihre Ladung ab und gehen als freies Jod in Lösung.

Der Umladungsvorgang an der Anode lautet:

$$2J^- - 2e \rightarrow J_2 \;. \tag{2}$$

Der in der Lösung entstehende und im Außenkreis meßbare Depolarisationsstrom wäre der Jodkonzentration der Lösung proportional, wenn nicht in der Umgebung der Kathode eine Jodverarmung eintreten würde. Die Diffusion begrenzt den Strom. Wird dagegen die Lösung in Bewegung gesetzt, so wird die Jodverarmung weitgehend verhindert und damit der Einfluß der Diffusion auf die dünne Grenzschicht beseitigt.

Für das praktische Messen der Jodkonzentration einer Lösung ist es angenehm, daß an der Anode ebensoviele Jod-Ionen in freies Jod übergeführt werden, wie an der Kathode Jod-Moleküle zu Jod-Ionen reduziert werden, so daß der Jodgehalt der Lösung konstant bleibt. Der Meßvorgang selbst führt zu keiner Änderung der Jodkonzentration.

Bei einer von außen bewirkten Änderung der Jodkonzentration K um ΔK stellt sich der Depolarisationsstrom auf einen Wert [GLÜCKAUF, HEAL, MARTIN, 1944; EHMERT, 1944] ein, der der neuen Konzentration $K \pm \Delta K$ äquivalent ist.

Will man nun den Depolarisationsstrom als *differentielles* Maß einer sich laufend ändernden Jodkonzentration ausnutzen, so ist es erforderlich, daß nur die infolge der Oxydationswirkung des eingeblasenen Ozons gebildeten Jod-Moleküle an die Kathode gelangen:

$$2H_2O + 2KJ + O_3 \longrightarrow \underline{J_2} + 2KOH + O_2 + H_2O \ . \tag{3}$$

Die anodisch gebildeten Jod-Moleküle (s. Gl. 2) müssen dagegen bei differentieller Meßweise aus der Lösung entfernt werden.

Dies gelingt durch Benutzung einer Silber- oder Quecksilber-Anode, wobei an der Anode AgJ bzw. Hg_2J_2 gebildet wird [BREWER, MILFORD, 1960].

Man kann auch zwei Platinelektroden benutzen, wenn man Kathoden- und Anodenraum räumlich trennt und die anodisch gebildeten Jod-Moleküle durch ständige Lösungserneuerung aus dem Anodenraum hinausspült.

Der Depolarisationsstrom wird in beiden Fällen ein äquivalent differentielles Maß einer sich laufend ändernden Jodkonzentration. Die Konzentrationsänderungen des Jods entsprechen dabei wiederum dem sich ändernden Ozon-Betrag der angesaugten Luft.

Zur technischen Auswertung des Meßprinzips ist folgendes zu bemerken: Für kurzfristige Ozon-Messungen wie z.B. im Sondenbetrieb scheint die Benutzung einer Ag-Anode von Vorteil wie z.B. bei der Brewer-Mast-Sonde, während für den Dauerbetrieb die Benutzung einer umspülten Pt-Anode vorzuziehen ist. Diese erfährt im Unterschied zu der Ag- bzw. Hg-Elektrode keine chemische Veränderung, so daß sich dementsprechend ein ständiges Auswechseln der Elektroden, bzw. eine laufende Korrektur der Meßergebnisse erübrigt.

2.2 Die Ozon-Registrieranlage

2.21 Technische Ausführung

Das Meßgerät zur kontinuierlichen Messung des O_3-Gehaltes von Luft besteht aus einer Reaktionsküvette aus Plexiglas, in der die elektrochemischen Prozesse stattfinden, und zwei weiteren Plexiglas-Gefäßen (s. Abb. 1). Von diesen dient das erste zum Speichern einer frischen, jodfreien 2%igen KJ-Lösung und befindet sich oberhalb der Reaktionsküvette. Das zweite Gefäß dient zum Auffangen der verbrauchten jodhaltigen KJ-Lösung aus dem Anodenraum und befindet sich unter der Reaktionsküvette. Zur gesamten Registrieranlage wird das Meßgerät ergänzt durch eine Pumpe zum Ansaugen der Luft, eine

Abb. 1: Die Ozon-Registrieranlage

Abb. 2: Die Reaktionsküvette aus Plexiglas

2.2

Elektronikbox zur Gleichspannungserzeugung, bzw. zur Verstärkung des Depolarisationsstromes und einen Schreiber. Diese Zusatzaggregate sollen in einem späteren Kapitel beschrieben werden.

Die Reaktionsküvette des Ozon-Meßgerätes besteht aus einem Plexiglas-Rundblock von 110 Millimeter Durchmesser und 140 Millimeter Höhe, in den eine Anzahl von Hohlräumen mit entsprechenden Verbindungsbohrungen eingearbeitet ist (s. Abb. 2).

Die ozonhaltige Luft wird durch eine Rohrleitung eingesaugt und gelangt in einen kleinen zylinderförmigen Hohlraum, die Mischzelle. In dieser Zelle gelangt die Luft in innigen Kontakt mit der KJ-Lösung.

In einer gleichgroßen, parallel angeordneten Entmischungszelle werden die Luft und die exponierte KJ-Lösung voneinander getrennt.

Während die Luft mittels der Pumpe nach oben und aus der Reaktionsküvette gesaugt wird, fließt die Lösung nach unten auf die Spitze eines rotierenden Plexiglas-Kegels, der mit Hilfe eines Synchronmotors (1500 U/min) im Innern eines Hohlkegels gedreht wird.

Der rotierende Kegel wirkt wie eine Zentrifugalpumpe auf die exponierte Lösung und versetzt diese in eine schnelle Drehbewegung. Dabei wird die Lösung an einer im Innern des Hohlkegels befindlichen Ringelektrode aus Platin-Draht vorbeibewegt.

Zwischen dieser Elektrode, der Kathode, und der als Spirale aus Pt-Draht angeordneten Anode liegt eine konstante Gleichspannung von 180 mV. Beim Vorbeifließen der Lösung findet an der Kathode die unter 2.1 erläuterte Depolarisation statt. Die von Jod-Molekülen befreite Lösung wird unter der Zentrifugalwirkung des rotierenden Kegels unterhalb der Elektrode in eine senkrechte Steigleitung gedrückt und gelangt erneut, zwecks Reaktion mit der eingesaugten Luft, in die Mischzelle. Die Lösung in dem Kathodenraum (d.i. der Raum der Mischzelle, der Entmischungszelle und der Raum zwischen dem Hohlkegel und dem rotierenden Massivkegel) zeigt als Folge des Luftdurchganges einen geringfügigen Lösungsverlust. Dieser Lösungsverlust wird kompensiert, indem aus einer feinen Tropfkapillare pro Minute ca. 0,2 cm^3 KJ-Lösung in den Luftansaugkanal eintropft. Durch diese Lösungszufuhr wird erstens die Lösungsmenge in der Kathodenzelle konstant gehalten und zweitens eine fortschreitende Verschmutzung der Lösung durch eingeblasene Staubteilchen verhindert. Das Volumen der Lösung, welches pro Sekunde in den Kathodenraum nachgeliefert wird, ist klein im Vergleich zu dem Lösungsvolumen, welches pro Sekunde zur Umladungsreaktion an die Kathode gelangt, so daß insgesamt durch die Lösungsregenerierung im Kathodenraum keine Störung des Meßprozesses auftritt.

Über eine feine s-förmige Bohrung (1 Millimeter Durchmesser) steht die Lösung in dem Kathodenraum in leitender Verbindung mit der Lösung im Anodenraum. Der Anodenraum hat die Gestalt eines U-Rohres. In das eine Hohlrohr des U-Raumes tauchen die Pt-Anode und eine Kapillare ein, während in das andere Rohr die Verbindungsleitung zur Kathodenzelle und die Überlauf-Leitung einmünden.

Durch die Kapillare wird mit ca. 30 Tropfen pro Minute kontinuierlich 1 cm^3 KJ-Lösung pro Minute in die Anodenzelle eingeleitet. Dadurch fließt gleichzeitig die gleiche Menge exponierter KJ-Lösung mit anodisch gebildetem Jod durch den Überlauf aus der Zelle ab.

Durch diese Anordnung der Hohlräume und Rohrleitungen wird insgesamt der unter 2.1 erläuterte differentielle Meßprozeß der Jodkonzentration und dementsprechend (s. Gl. 3, S. 8) der Ozonkonzentration erzielt.

Eine wichtige Voraussetzung dafür, daß eine streng proportionale Beziehung zwischen dem Meßstrom und dem Ozongehalt der angesaugten Luft besteht, ist die konstante Saugleistung der Pumpe.

Bei unseren Messungen hat sich die Spezialanfertigung einer Kolbenpumpe der Firma Wösthoff gut bewährt. Für den Dauerbetrieb ist ebenfalls die Genauigkeit einer im Handel geführten Membranpumpe der Firma Wisa noch ausreichend.

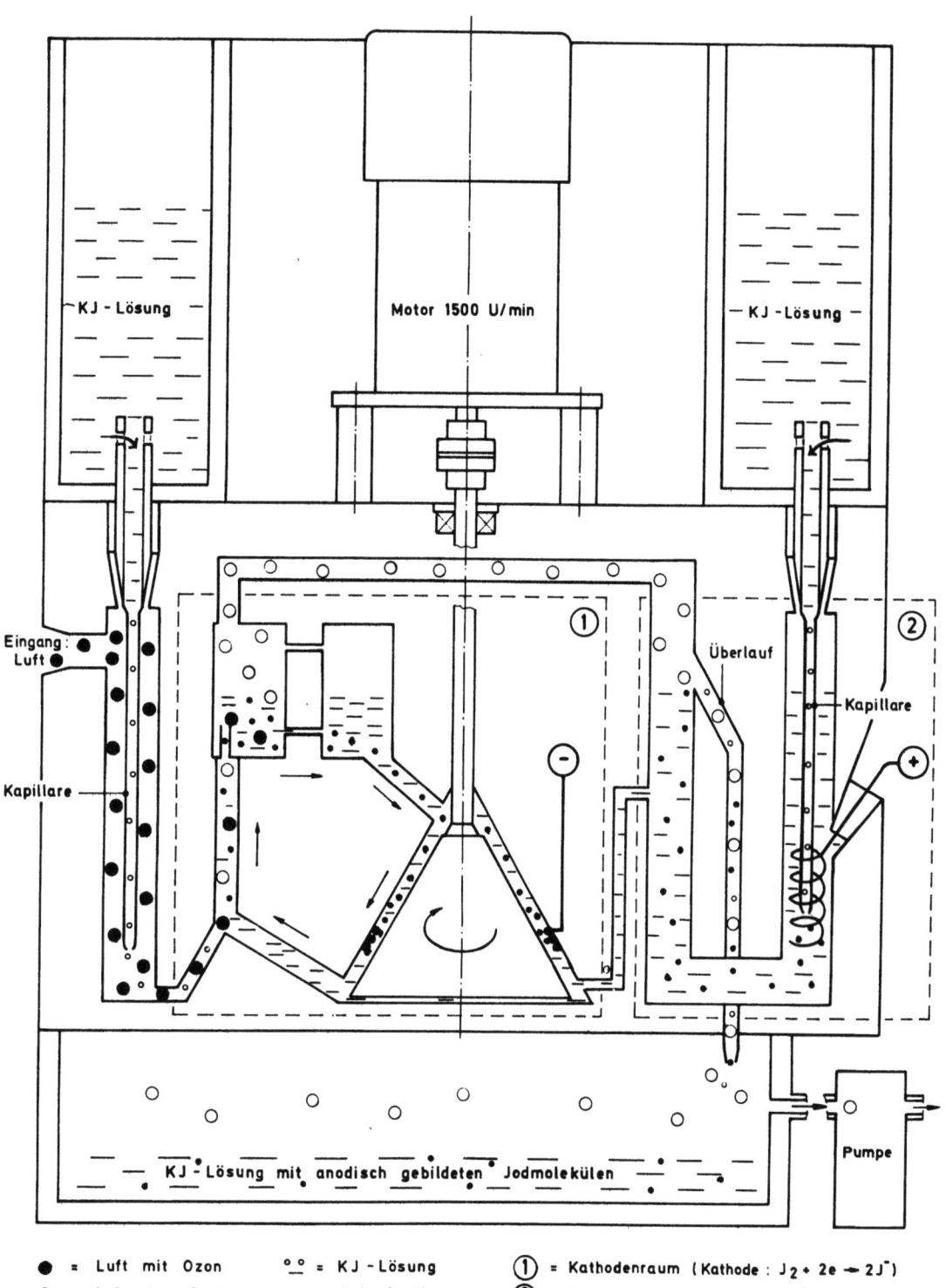

Abb. 3: Schematische Darstellung des Luftdurchganges und des Flüssigkeitskreislaufes in dem Registriergerät und Wirkungsweise des O_3-Registriergerätes
$$[O_3 + 2KJ + H_2O \longrightarrow J_2 + 2KOH + O_2]$$

2.2

2.22 Der Meßprozeß in der Reaktionsküvette

Jedes eingesaugte Ozonmolekül bewirkt in der KJ-Lösung der Kathodenzelle die Bildung eines Jodmoleküls (s. Gl. 3, S. 8).

Der zwischen den Elektroden entstehende Depolarisationsstrom ist bei der auf S. 8-10 beschriebenen technischen Konzeption des Gerätes ein streng proportionales Maß für die Jodkonzentration der KJ-Lösung. Das an der Kathode reduzierte Jod wird allein durch die Oxydationswirkung des Ozons nachgeliefert.

Der zeitliche Verlauf dieses dynamischen Vorganges kann durch die im folgenden angegebene Differentialgleichung (4) beschrieben werden. Dabei sind folgende Bezeichnungen gewählt:

N Anzahl der J_2-Moleküle in der KJ-Lösung innerhalb der Kathodenzelle

V Volumen der Lösung in der Kathodenzelle in cm^3

F Volumen an jodhaltiger KJ-Lösung, das pro Sekunde auf Grund der elektrochemischen Umladung an der Kathode von Jod befreit wird [Dimension: cm^3/sec].

n_{O_3} Anzahl der Ozonmoleküle, die pro Sekunde in die Lösung gesaugt werden [Dimension: $1/sec$].

Da eine vollständige Oxydationsreaktion zwischen der ozonhaltigen Luft und der KJ-Lösung vorausgesetzt wird, gilt nach der Oxydationsgleichung (3) von S. 8 die Beziehung:

$$n_{O_3} = n_{J_2} .$$

n_{J_2} ist dabei die Anzahl der pro Sekunde in der KJ-Lösung der Kathodenzelle entstehenden Jodmoleküle.

Mit diesen Bezeichnungen gilt:

$$\frac{dN(t)}{dt} = n_{O_3}(t) - \frac{N(t)}{V} F , \qquad (4)$$

dabei ist:

$\frac{N \cdot F}{V}$: Teilchenzahl der durch kathodische Reduktion in der Sekunde umgeladenen J_2-Moleküle.

2.221 Der Meßprozeß bei konstantem Ozongehalt der Luft

Im folgenden wird zuerst der Fall einer zeitlich konstanten Jodkonzentration in der KJ-Lösung der Kathode betrachtet.

Eine konstante Konzentration des Jods bedeutet, daß sich zwischen der jodbildenden Oxydation durch das Ozon und der jodzerstörenden Umladung an der Kathode ein Gleichgewicht ausbildet.

In der obigen Differentialgleichung (4) ist dann N eine Konstante. In der Differentialgleichung (4) hat der Quotient V/F den Wert einer Zeitkonstanten τ des Meßvorganges (s. S. 14). Dieser Wert, der durch die Parameter V und F bestimmt ist, wird im experimentellen Teil (2.26) ermittelt und beträgt 90 Sekunden.

Bei den Ozonmessungen liegt der Gleichgewichtsfall immer dann vor, wenn der Ozongehalt der stets mit konstanter Geschwindigkeit angesaugten Luft für längere Zeit im Vergleich mit der Zeitkonstanten τ des Meßvorgangs konstant ist.

Im Anschluß an die folgende Betrachtung für konstanten Ozongehalt der Luft zeigt eine Fehlerabschätzung, welchen Einfluß die Zeitkonstante τ der Apparatur auf den Meßprozeß ausübt, wenn sich der Ozongehalt der Luft stark ändert.

Im Gleichgewichtsfall gilt, da $N(t) = \text{const.}$, $\frac{dN}{dt} = 0$. Aus (4) folgt:

$$0 = \frac{N}{V} F - n_{O_3} \qquad N = \frac{V}{F} \cdot n_{O_3} \; . \tag{5}$$

Da jedes J_2-Molekül an der Kathode auf Grund der Umladungsreaktion (s. S. 7) 2 Elektronen aufnimmt und dabei den Depolarisationsstrom verursacht, gilt im Gleichgewichtsfall:

$$\frac{I}{2e} = n_{J_2} = n_{O_3} \; , \tag{6}$$

dabei ist:

$$I = \text{Depolarisationsstrom}; \quad e = \text{Elementarladung}.$$

Aus n_{O_3} berechnet sich die Ozonkonzentration C_{O_3} der angesaugten Luft, indem man n_{O_3} auf die Anzahl der in der Sekunde angesaugten Luftmoleküle n_L bezieht:

$$C_{O_3} = \frac{n_{O_3}}{n_L} \; . \tag{7}$$

n_L ist unter Normalbedingungen wegen der konstanten Leistung der Pumpe eine Konstante und wird aus der pro Sekunde angesaugten Literzahl Luft berechnet. Es gilt:

$$n_L = \frac{L \cdot W}{M} \; ,$$

dabei ist:

$L = 6,025 \cdot 10^{23}$ Loschmidtsche Zahl
$M = $ Molvolumen $= 22,4$ L (unter Normalbedingungen)
$W = $ Volumen der pro Sekunde angesaugten Luft.

Die Pumpleistung unserer Pumpe beträgt:

$$n_L = 1,672 \cdot 10^{21} \; \text{Moleküle/sec unter Normalbedingungen}.$$

Ersetzt man mit Hilfe von (7) n_{O_3} durch C_{O_3}, so folgt aus Gleichung (6)

$$C_{O_3} \cdot n_L = \frac{I}{2e} \; .$$

Im Gleichgewichtsfall ist also die Ozonkonzentration der zur Messung gelangten Luft aus dem Depolarisationsstrom I mit Hilfe des folgenden Ausdrucks zu berechnen:

$$C_{O_3} = \frac{I}{2e \, n_L} \; . \tag{8}$$

Setzt man schließlich in Gl. (5) die Beziehung $n_{o_3} = \frac{I}{2e}$ ein, so erhält man:

$$N = \frac{V}{F} \cdot \frac{I}{2e} \quad \text{oder:} \quad I = 2e\, F\, \frac{N}{V} \ . \tag{9}$$

Der Faktor $2e\,F$ stellt eine Konstante dar, während N/V die Jodkonzentration in der KJ-Lösung der Kathodenzelle bezeichnet. Im Gleichgewichtsfall ist also der Depolarisationsstrom I eine streng proportionale Meßgröße für die Jodkonzentration N/V.

2.222 Der Meßprozeß bei starken Änderungen des Ozongehaltes

Bei starken Ozonschwankungen bedarf es wegen der endlichen Zeitkonstanten der Meßapparatur einer Fehlerabschätzung, die zeigt, in welchen Grenzen der Depolarisationsstrom I der Jodkonzentration N/V in der KJ-Lösung der Kathodenzelle noch proportional ist.

Wir schreiben dazu Gleichung (4) in der Form:

$$\frac{dN(t)}{dt} + N(t) \cdot \frac{F}{V} = n_{o_3}(t) \ . \tag{10}$$

Die Ozonkonzentration ist eine Funktion der Zeit. Mithin ist auch die in der Sekunde in der Kathodenzelle entstehende Teilchenzahl der J_2-Moleküle von der Zeit abhängig.

Als zeitabhängige Lösung $N(t)$ der Gleichung (10) ergibt sich:

$$N(t) = e^{-\frac{F}{V}t} \left[N_0 + \int_0^t n_{o_3}(t') e^{\frac{F}{V}t'}\, dt' \right] \quad \text{mit } N_0 = N(0). \tag{11}$$

Zu Beginn der Messung sei die KJ-Lösung frei von Jodmolekülen, d.h. $N(0) = 0$.

Gleichung (11) vereinfacht sich zu:

$$N(t) = e^{-\frac{F}{V}t} \cdot \int_0^t n_{o_3}(t') e^{\frac{F}{V}t'}\, dt' \tag{12}$$

Durch partielle Integration folgt aus (12):

$$N(t) = \frac{V}{F} n_{o_3} \left[1 - \frac{e^{-\frac{F}{V}t} \int_0^t n_{o_3}(t') e^{\frac{F}{V}t'}\, dt'}{n_{o_3}(t)} \right] \ . \tag{13}$$

Die Lösung $N(t)$ ist im Falle starker Änderungen des Ozongehaltes aus zwei Anteilen zusammengesetzt. Multipliziert man die eckige Klammer aus, so zeigt sich, daß der 1. Summand dem Lösungsausdruck im Gleichgewichtsfall entspricht (s. Gl. (5)).

Der 2. Summand hängt von der Größe der Änderung des Ozongehaltes und von der Zeitkonstanten V/F der Meßapparatur ab.

Schätzt man das Integral in (13) ab, so erhält man für N(t) den Ausdruck:

$$N(t) = \frac{V}{F} n_{o_3} \left[1 \pm \left(\tau \frac{d(n_{o_3})}{dt} \bigg/_{max} \right) \cdot n_{o_3}^{-1} \right] . \tag{14}$$

Nimmt man eine sehr starke Ozonschwankung mit einer Änderung von 100 % in der Stunde an und setzt die Zeitkonstante $\tau = V/F$ mit 1,5 min ein (s. S.), so erhält man nach (14) für N(t):

$$N(t) = \frac{V}{F} n_{o_3} \left[1 \pm \frac{1,5 \cdot 100}{60 \cdot 100} \right] \quad \text{oder}$$

$$N(t) = \frac{V}{F} n_{o_3} \pm 2,5 \% . \tag{15}$$

Setzt man die Beziehung (9) in (15) ein und löst nach I auf, so folgt

$$I = 2e \cdot n_{o_3} \pm 2,5 \%.$$

Es ergibt sich, daß selbst bei sehr starken Ozonschwankungen der Depolarisationsstrom noch in guter Näherung ein proportionales Maß für die Ozonkonzentration ist. Die Abweichung von der Proportionalität beträgt lediglich 2,5 %.

Da zudem die oben angenommenen sehr starken Änderungen des Ozongehaltes im Zeitraum von einer Stunde und weniger bei atmosphärischen Messungen selten sind, werden die Abweichungen von der Proportionalität zwischen Depolarisationsstrom und Ozonkonzentration im allgemeinen unter 1 % liegen.

2.23 Ein elektrisches Ersatzschaltbild für den Meßprozeß in der Reaktionsküvette

Die Differentialgleichung aus 2.222:

$$\frac{dN(t)}{dt} + N(t) \frac{F}{V} = n_{o_3}(t) \tag{4}$$

beschreibt das zeitliche Verhalten der Teilchenzahl N an Jodmolekülen in der KJ-Lösung innerhalb der Kathodenzelle in Abhängigkeit von dem einfließenden zeitabhängigen Teilchenstrom $n_{o_3}(t) = n_{J_2}(t)$.

Der durch (4) beschriebene zeitabhängige Vorgang kann durch ein elektrisches Ersatzschaltbild veranschaulicht werden.

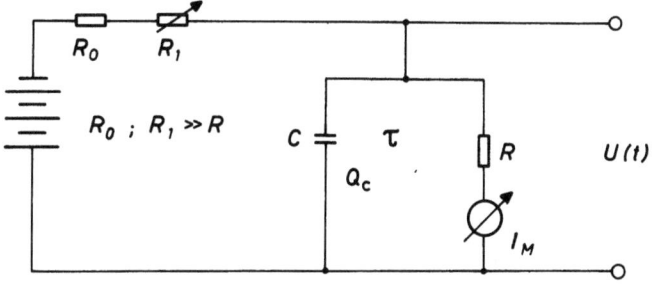

Abb. 4: Elektrisches Ersatzschaltbild für den Meßprozeß

Die Differentialgleichung für die auf einem Kondensator sitzende Ladung in Abhängigkeit von dem einfließenden zeitabhängigen Strom I(t) beschreibt nämlich einen analogen Vorgang:

$$\frac{dQ_c(t)}{dt} + \frac{Q_c}{\tau} = I(t) \quad \text{mit} \quad \tau = RC. \tag{4'}$$

Es entsprechen sich in (4) und (4')

Jodmoleküle in der Kathodenzelle	N	⟷	Q_c	Ladung auf dem Kondensator
In die Küvette pro sec einfließender Teilchenstrom an Ozonmolekülen	n_{O_3}	⟷	I	Elektrischer Strom durch das RC-Glied
Lösungsvolumen in der Kathodenzelle / Reduziertes Lösungsvolumen pro Sekunde	$\frac{V}{F}$	⟷	RC	Zeitkonstante

Es entsprechen sich also einmal Teilchenstrom und elektrischer Strom und zum anderen die Jodmoleküle in der Kathodenzelle und die Ladung auf dem Kondensator.

Im Gleichgewichtsfall ist im elektrischen Ersatzschaltbild $dQ_c/dt = 0$ und der Strom I der Ladung Q_c proportional. Der Proportionalitätsfaktor ist $1/\tau$.

Bei der Ozonmessung ist im Gleichgewichtsfall (nach Gl. (9), S.14) der Strom I der Ladung $2e \cdot N$ der J_2-Moleküle proportional. Der Proportionalitätsfaktor von der Dimension einer Zeitkonstanten ist $1/(V/F)$.

Für den Meßvorgang ist ein möglichst kleines τ zu wünschen. Dieses ist durch ein kleineres Lösungsvolumen V oder durch eine Vergrößerung der Konstanten F zu erreichen.

Es treten jedoch technische Schwierigkeiten auf. Das Volumen V ist nicht beliebig zu verkleinern, da das Ozon beim Durchgang durch die Lösung eine Mindestkontaktzeit haben muß, um vollständig zu reagieren.

Eine größere Konstante F könnte durch eine größere Kathodenfläche erzielt werden, die aber wiederum eine Vergrößerung von V voraussetzt, damit die vergrößerte Kathodenfläche bei jedem Lösungsumlauf noch vollständig benetzt wird.

Insgesamt wäre schließlich das Gerät bei verminderter Zeitkonstante τ empfindlicher gegen Störungen, die bei Dauerbetrieb der Apparatur von großem Nachteil sind.

Für die Zielsetzung des Instruments wird die erreichte Zeitkonstante $\tau = 1,5$ min als ausreichend erachtet.

2.24 Die Erzeugung der Elektrodenspannung und die Registrierung des Depolarisationsstromes

Die an den Elektroden liegende Gleichspannung von 180 mV wird bei dem vorliegenden Gerät mit Netzspannung erzeugt. Ein Transformator, eine Graetzbrücke, ein RC-Glied und eine Zenerdiode sorgen für die stabilisierte Gleichspannung (s. Abb. 5). Von dieser entnimmt man an einem Spannungsteiler die gewünschte Gleichspannung von 180 mV.

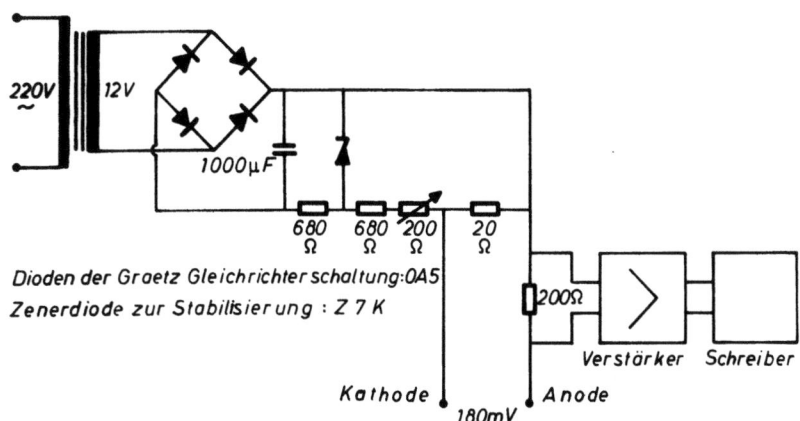

Abb. 5: Schaltbild: Erzeugung der Gleichspannung und Messung des Depolarisationsstromes

Der zusätzliche Spannungsabfall an dem Festwiderstand von 20 Ω liegt im mittleren Bereich des Depolarisationsstromes unter 0,1 %.

Zum Zwecke des Dauerbetriebes der Apparatur mit laufender Registrierung des Depolarisationsstromes durch einen Schreiber wird der Spannungsabfall, den der Depolarisationsstrom an einem Festwiderstand von 200 Ω hervorruft, von einem Spannungsverstärker verstärkt.

Der transistorisierte Verstärker arbeitet mit eingeprägtem Ausgangsstrom im Verhältnis 1000 mA/V. Der Depolarisationsstrom zwischen 0 bis 25 µA ruft an 200 Ω einen Spannungsabfall zwischen 0 bis 5,0 mV hervor. Der vom Verstärker entsprechend erzeugte Ausgangsstrom zwischen 0 bis 5,0 mA kann von einem Schreiber bequem registriert werden.

Als Schreiber wird ein schreibendes Vielfachinstrument (Type: Multiscript) verwandt, das sich durch Robustheit und geringe Wartung auszeichnet.

Der mittlere Fehler, der im elektrischen Teil durch zusätzlichen Spannungsabfall, durch Verstärker und Schreiber verursacht wird, beträgt maximal 4 %.

Darunter fällt bei einer Betriebsdauer von ca. 1 Monat ein Nullpunktfehler am Eingang des Verstärkers von ca. 1 %. Für genaueste Messungen kann dieser Fehler an einem Nullsteller kompensiert werden.

Als weitere Fehlerquelle ist beim Verstärker ein evtl. Störstrom vom max 10^{-8} A bei 20°C zu nennen, der am Meßwiderstand einen zusätzlichen Spannungsabfall hervorruft. Auch dieser Fehler bleibt im allgemeinen unter 1 %.

Nur bei extremen Temperaturänderungen von ± 30°C liegen die Fehler im mittleren Meßbereich bei max. 2,5 %. Solche Temperaturänderungen können jedoch bei unseren Ozonmessungen ausgeschlossen werden, da die Geräte in Innenräumen mit annähernd konstanter Zimmertemperatur installiert sind.

Der Schreiber selbst besitzt eine Anzeigegenauigkeit von ± 1,5 % und eine Registriergenauigkeit von ± 2,5 %.

2.25 Eichung der Apparatur mit Hilfe des Jodmeterverfahrens und Vergleich verschiedener Meßwerte mit der nach 2.222 für die Apparatur theoretisch ermittelten Eichkurve

In Abb. 6 ist der im Gleichgewicht zu erwartende Strom in Abhängigkeit von dem eingesaugten Ozon als eine Gerade eingesetzt.

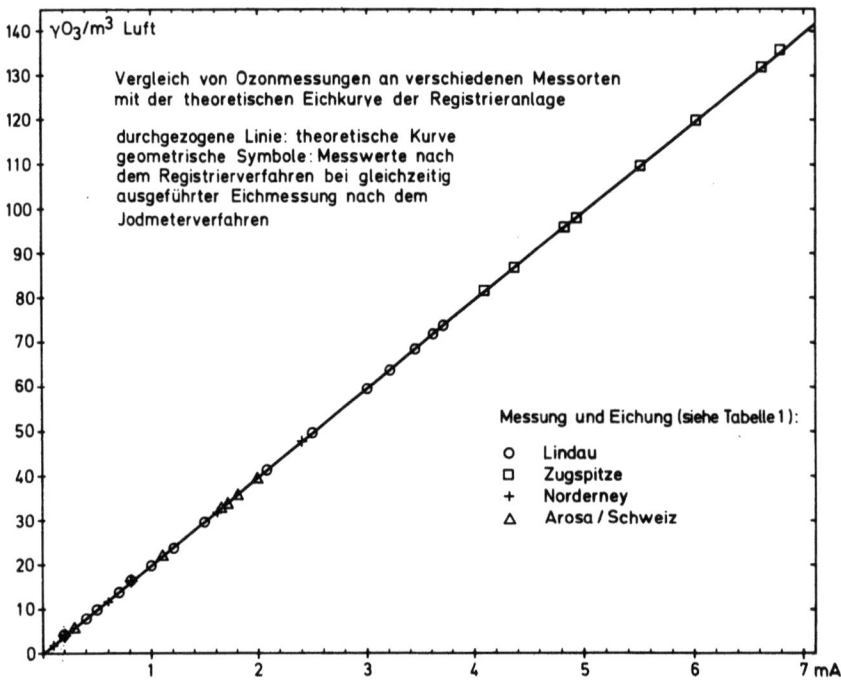

Abb. 6: Eichung des Registriergerätes mit Hilfe von Parallelmessungen des atmosphärischen Ozons nach dem Jodmeterverfahren.

Bei der folgenden Rechnung ist eine vollständige Oxydationsreaktion zwischen dem Ozon der angesaugten Luft und dem Kaliumjodid der Lösung vorausgesetzt.

Unter dieser Voraussetzung können wir den Meßstrom I_M theoretisch ermitteln, den eine Luft mit einem beliebigen, fest vorgegebenen Ozongehalt im Schreiber der Apparatur erzeugen wird.

Für den durch die bekannten Umladungsvorgänge hervorgerufenen Depolarisationsstrom I gilt allgemein nach Gl. (6) S. 13

$$I = n_{O_3} \cdot 2e$$

mit e = Elementarladung

n_{O_3} = Zahl der pro Sekunde in die Reaktionsküvette gesaugten Ozonteilchen.

Der Depolarisationsstrom I erzeugt an dem Meßwiderstand $R_M = 200\,\Omega$ einen Spannungsabfall $I \cdot R_M$, der von dem Verstärker mit dem Verstärkungsverhältnis $S = 1000\,mA/V$ verstärkt wird (s. S. 17).

Es gilt dann für den vom Schreiber registrierten Meßstrom I_M:

$$I_M = I \cdot R_M \cdot S = 2e \cdot R_M \cdot S \cdot n_{O_3} \tag{17}$$

$2e \cdot R_M \cdot S$ ist eine Konstante.

I_M ist also eine Funktion der pro Sekunde in die Küvette eingeblasenen Ozonteilchen n_{O_3}.

n_{O_3} ist festgelegt durch das Produkt $n_L \cdot n_{O_3}/n_L = n_{O_3}$ aus "Pumpgeschwindigkeit" n_L und dem Teilchenverhältnis n_{O_3}/n_L = Anzahl der in der Sekunde eingeblasenen Ozonteilchen zur Anzahl der in der Sekunde eingeblasenen Luftteilchen.

Die "Pumpgeschwindigkeit" n_L ist eine Apparatekonstante und beträgt $n_L = 1,672 \cdot 10^{21}$ Luftteilchen pro Sekunde unter Normalbedingungen. Das Teilchenverhältnis n_{O_3}/n_L ist unter Normalbedingungen gleich dem vorgegebenen Konzentrationsverhältnis (gemessen in 10^{-5} cm O_3/km Luft). Die Umrechnung erfolgt über das Molvolumen, indem man Ozon und Luft als ideale Gase ansieht.

Für den Meßstrom I_M als Funktion der Ozonkonzentration ergibt sich damit:

$$I_M = 2e \cdot R_M \cdot S \cdot n_L \cdot \frac{n_{O_3}}{n_L}$$

$$I_M = 2e \cdot R_M \cdot S \cdot n_L \cdot \varepsilon \ . \tag{18}$$

Die theoretische Kurve in Abb. 6 zeigt wegen größerer Übersichtlichkeit den Meßstrom I_M als Funktion der Ozondichte (in γ O_3/m^3 Luft).

1 γ O_3/m^3 entspricht einem $\varepsilon = 4.67 \cdot 10^{-5}$ cm O_3/km $= 4,67 \cdot 10^{-10}$ km O_3/km.

Mit Hilfe dieser Beziehung kann man Gl. (18) auch in der Form schreiben:

$$I_M = m \cdot D \tag{18'}$$

D = Betrag des Ozongehaltes in γ O_3/m^3
m = Steilheit der Geraden
m = $2e \cdot R_M \cdot S \cdot n_L \cdot 4,67 \cdot 10^{-10}$ A/γ O_3/m^3 = 50,0 μA/γ O_3/m^3.

Nach Gl. (18') würde zum Beispiel Luft mit einem konstanten Ozongehalt von 100 γ O_3/m^3 einen Meßstrom I_M von 5,00 mA bewirken.

Legt man die theoretische Kurve zugrunde, so ist bei der Ozonregistrierung durch die beschriebene Apparatur jedem Ausschlag des Schreibers eindeutig ein γ-O_3-Wert der untersuchten Luft zugeordnet.

Zur Kontrolle, inwieweit diese Zuordnung erlaubt und das beschriebene Verfahren als absolut anzusehen ist, erfolgten parallel zu den Ozonmessungen nach dem Registrierverfahren Eich- und Kontrollmessungen des Ozons nach dem Jodmeterverfahren [EHMERT, 1951]. Das Jodmeterverfahren zeigt bei der Ozonbestimmung eine äußerst hohe Genauigkeit mit nur 1 % mittlerem Fehler.

Bei gleichzeitiger Ozonmessung nach dem Registrierverfahren und dem Jodmeterverfahren kann deshalb in guter Näherung angenommen werden, daß der nach dem Jodmeterverfahren bestimmte γ O_3/m^3-Wert den wahren Ozongehalt der augenblicklich untersuchten Luft angibt.

Notiert man gleichzeitig den Skalenwert, den während einer Jodmeter-Ozonbestimmung der Schreiber des Registriergerätes auf den Meßstreifen druckt, so erhält man ein Wertepaar für das (γ O_3/m^3/Skt)-Diagramm.

Die Wertepaare sind in der Abb. 6 S.18 eingetragen und bestätigen die theoretische Kurve mit einer Streuung von maximal 2%. Die Vergleichsmessungen, die über den ganzen Bereich (0 - 140 $\gamma\,O_3/m^3$) der vorkommenden Ozonkonzentration bodennaher Luft verteilt sind, wurden bei konstantem Ozongehalt und konstanter Anzeige ausgeführt.

Diese Vergleichsmessungen nach dem Jodmeterverfahren und dem Registrierverfahren wurden an verschiedenen Stationen gewonnen und sind in der Tabelle 1 gegenübergestellt.

Tabelle 1

Simultane Ozon-Messungen nach dem Registrier- und Jodmeterverfahren

Meßort	Zeit der Messung		Registrierverfahren I_M-Wert (5mA-Bereich) (mA)	Jodmeterverfahren Ozonwert ($\gamma\,O_3/m^3$Luft)
Lindau	23. 8. 1967	19.30-19.45	2,5	50
		20.00-20.15	2,1	42
	24. 8. 1967	15.45-16.00	1,2	24
	28. 8. 1967	17.00-17.30	3,0	60
	31. 8. 1967	12.00-12.10	3,6	72
		15.00-15.10	3,7	74
	4. 5. 1968	8.30- 8.45	0,4	8
		10.45-11.00	0,8	16
	7. 5. 1968	16.35-16.45	3,2	64
		17.10-17.20	3,4	68
	23. 9. 1968	18.45-19.00	1,5	30
		19.30-20.00	1,0	20
		23.00-23.30	0,2	4
	24. 9. 1968	8.30- 9.00	0,5	10
		11.00-11.30	0,7	14
Norderney	9.10. 1968	18.00-18.30	2,4	48
		18.30-19.00	1,6	32
	10.10. 1968	11.00-11.30	0,2	4
		16.20-16.30	0,1	2
		16.45-16.55	0,6	12
		17.00-17.10	0,8	16
Zugspitze	28. 1. 1969	15.05-15.15	4,1	82
		15.20-15.30	4,35	87
		15.30-15.45	4,8	96
		16.00-16.10	4,9	98
		17.05-17.15	5,5	110
		18.00-18.10	6,0	120
		18.20-18.30	6,6	132
		19.00-19.10	6,8	136
Arosa (Schweiz)	1. 2. 1969	9.20- 9.30	2,0	40
		10.00-10.10	1,7	34
		10.15-10.30	1,65	33
		10.55-11.55	1,8	36
		12.45-12.55	1,1	22
		14.00-14.10	0,3	6

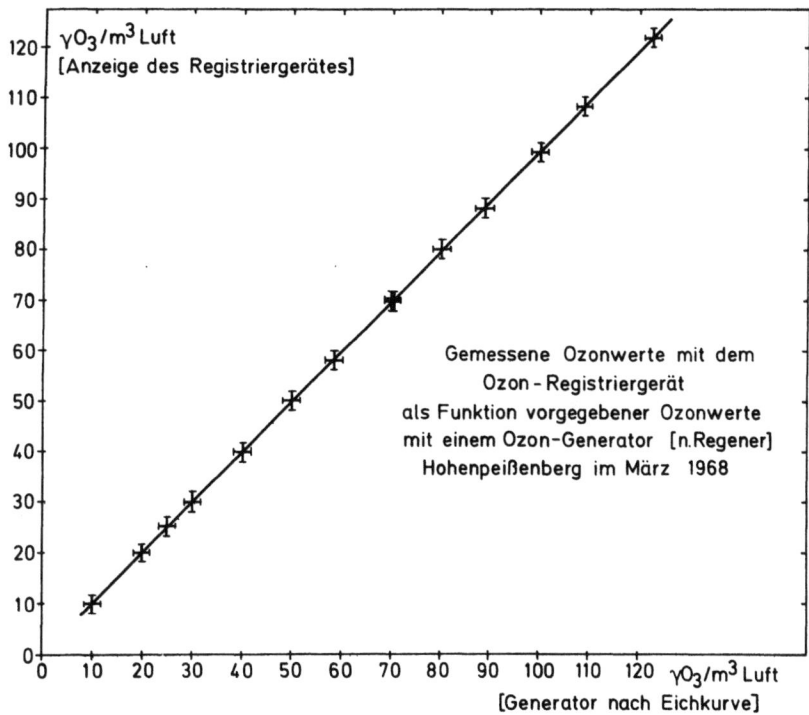

Abb. 7: Eichung des Registriergerätes mit Hilfe eines geeichten Ozongenerators. Die senkrechten und waagerechten Linien geben die Ungenauigkeit des Registriergerätes, bzw. des Ozongenerators bei einer Einzelmessung an.

Die Abb. 7 zeigt das Ergebnis einer Eichung mit einem zweiten Verfahren.

Mit Hilfe eines Ozon-Generators nach V.H. REGENER wurde stufenweise der Ozongehalt der abgegebenen Luft zwischen 0 und 150 γ O_3/m^3 eingestellt und die Luft in das Registriergerät gesaugt.

Die Eichung erfordert höchste Sorgfalt, da der Generator äußerst empfindlich auf Temperaturschwankungen reagiert. Um reproduzierbare Werte zu erhalten, muß man zudem die Messungen auf längere Zeiträume (ca. 12 Stunden) ausdehnen, da der Generator nach der Verstellung eine neue Einbrennzeit hat. Diese muß abgewartet werden, damit die Eichkurve des Generators anwendbar wird.

Bei der nötigen Sorgfalt und bei Durchführung von Kontrollmessungen während mehrerer Tage erhält man einwandfreie Ergebnisse. Es zeigt sich dabei gemäß Abb. 7 eine gute Übereinstimmung zwischen den Ozonkonzentrationen des Generators laut Eichkurve und den Ozonkonzentrationen, die von der Meßanlage registriert wurden.

2.26 Experimentelle Bestimmung der Zeitkonstanten τ der Ozon-Registrieranlage

Bei dem Registrierverfahren führt eine unstetige Änderung des Ozongehaltes der untersuchten Luft nicht zu einer unstetigen Änderung des Registrierstromes.

Der Meßstrom I_M stellt sich vielmehr exponentiell auf den Meßwert ein, der dem unstetig geänderten Ozonwert entspricht oder - wie bei der Untersuchung bodennaher Luft - der dem sehr schnell sich ändernden Ozonwert entspricht (s. S. 14). Der Grund dafür ist, daß das endliche Lösungsvolumen V, von welchem pro Sekunde nur ein Bruchteil, nämlich das Volumen F, zur Umladungsreaktion an die Kathode gelangt, wie ein RC-Glied zwischen dem einfließenden Ozonteilchenstrom und dem "abfließenden" Depolarisationsstrom wirkt (s. elektrisches Ersatzschaltbild S. 15). Die Einstelldauer der Registrierung auf den neuen, dem geänderten Ozongehalt entsprechenden Stromwert ist durch die Zeitkonstante $\tau = V/F$ (s. S. 15) charakterisiert.

Experimentell wird τ bestimmt, indem man zu einem festen Zeitpunkt t_o die Ozonkonzentration von c_1 auf c_2 künstlich unstetig ändert. Den Ozonkonzentrationen c_1 und c_2 mögen bei der Registrierung die Meßwerte Ic_1 und Ic_2 entsprechen. τ ist die Zeit, in der sich die Registrierkurve von dem Wert Ic_1 dem Wert Ic_2 bis auf den e-ten Teil genähert hat.

Im Experiment saugt man z.B. Luft aus einem Ozongenerator (Firma Ozonomat). Man setzt bei laufender Registrierung eines konstanten Ozongehaltes $c_1 = 145 \; \gamma \; O_3/m^3$ zum Zeitpunkt t_o ein ozonabsorbierendes Filter aus abgebrannter Watte vor das Rohr zur Luftentnahme. Von t_o ab wird nur noch ozonfreie Luft ($c_2 = 0$) in die KJ-Lösung gesaugt. Der Meßstrom sinkt auf Null ab. Die Zeitkonstante τ ist dann die Zeit, in welcher der Meßstrom vom Wert Ic_1 auf Ic_1/e abgefallen ist.

Der Meßstrom sei auf Null abgefallen. Wird nun das ozonabsorbierende Filter entfernt, so kann τ bei dem einsetzenden Stromanstieg bestimmt werden als die Zeit, in welcher der Strom von 0 auf den Wert $(Ic_1 - Ic_1/e)$ ansteigt (s. Abb. 8).

An Hand einer größeren Anzahl von Vergleichsmessungen wurde als mittlerer Wert für die Zeitkonstante des Registriergerätes $\tau = 90$ sec bestimmt. Die Abweichungen der einzelnen Meßwerte von diesem Mittel liegen im Rahmen der Meßgenauigkeit.

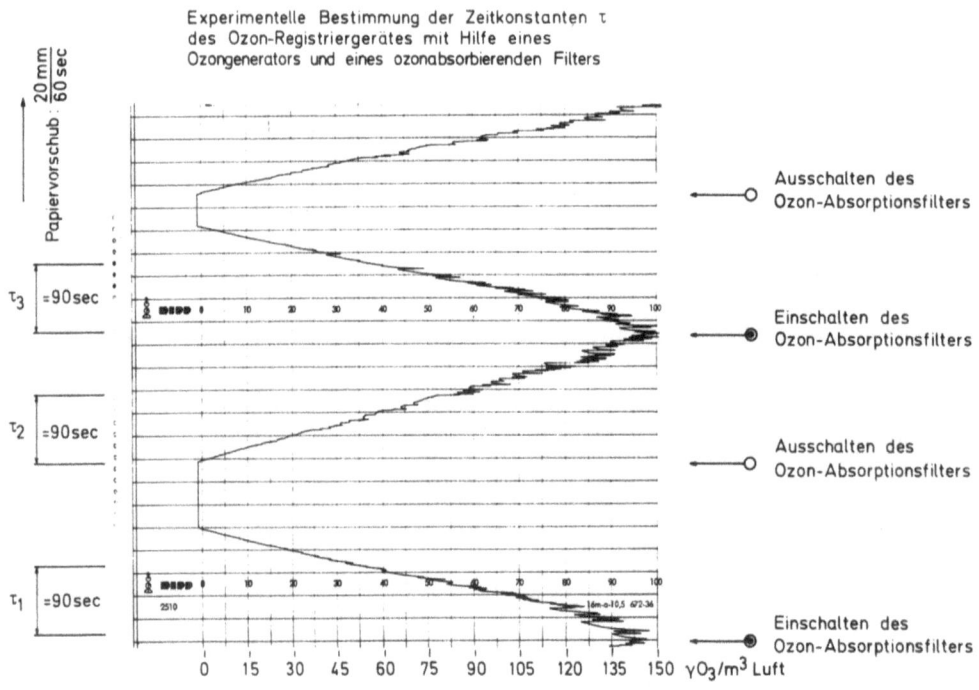

Abb. 8: Ein Beispiel für die Bestimmung der Zeitkonstanten τ des Gerätes

2.3 Diskussion der Meßergebnisse

2.31 Vergleich der Ozonregistrierungen bodennaher Luft an den verschiedenen Stationen

Die ersten Dauerregistrierungen bodennaher Luft, die mit der unter 2.21 - 2.25 beschriebenen Registrieranlage an den Stationen Zugspitze, Hohenpeißenberg (Oberbayern), Clausthal (Harz), Norderney und Bredkälen (Mittelschweden) erzielt wurden, sind in den Abb. 23 - 40 des Anhangs zusammengefaßt.

Aufgetragen sind in diesen Abbildungen die stündlichen Maximalwerte des Bodenozons als Funktion der Zeit. Der Grund dafür ist, daß die kurzzeitigen Änderungen des bodennahen Ozons innerhalb einer Stunde im allgemeinen durch lokale Effekte verursacht werden, die in dieser Arbeit nicht näher betrachtet werden sollen. Im Rahmen dieser Arbeit sollen vielmehr langzeitige Änderungen des Ozongehaltes bodennaher Luft untersucht werden, die im Zusammenhang mit einem Wechsel von Luftmassen, bzw. mit Veränderungen in der Tropopausenregion stehen.

Der Zeitmaßstab ist in den Abbildungen gegenüber den Original-Registrierungen auf 1 : 20 verkürzt.

Die senkrechten Hilfslinien in den Abbildungen schneiden die Abszisse jeweils um 0.00 Uhr MEZ.

Die in den angegebenen Monaten ermittelten Ozonkonzentrationen liegen zwischen 0 und 120 $\gamma\ O_3/m^3$. Es zeigt sich, daß ein regelmäßiger oder gleichartiger Tagesgang des Bodenozons an keiner dieser Stationen festzustellen ist.

Es finden sich Tage mit einem ausgesprochen ausgeglichenen Ozongehalt, an denen sich die Konzentration des Bodenozons im Laufe von 24 Stunden nur um ca. 20 bis 30 $\gamma\ O_3/m^3$ ändert. Demgegenüber zeigen sich an anderen Tagen starke relative Änderungen der Ozonkonzentration, wobei die stündlichen Maximalwerte im Laufe von ca. 6 bis 8 Stunden bis zu 100 $\gamma\ O_3/m^3$ zu- oder abnehmen.

Auffällig ist weiterhin, daß sich an allen Stationen neben den kurzzeitigen Ozonschwankungen im Laufe von Stunden auch länger andauernde Änderungen des Ozongehaltes zeigen.

Ein solcher "Trend", der eine Ozonzunahme oder -abnahme kennzeichnet, dauert im allgemeinen einige Tage. Er kann aber, wie die Abb. 31 und 32 vom 27.2.69 bis 11.3.69 (s.S. 59) deutlich zeigen, bis ca. 2 Wochen andauern.

Bemerkenswert ist schließlich der ausgeglichene Verlauf des Bodenozons an der Station Bredkälen (Mittelschweden) gemäß Abb. 40. Ob sich in diesem relativ glatten Verlauf eine größere Sauberkeit der Luft über Nordeuropa gegenüber der Luft über Mitteleuropa andeutet oder ob lokale Effekte, insbesondere Fallwinde, vorliegen, wird erst in Zukunft mit Hilfe eines größeren Meßmaterials zu entscheiden sein.

In den Abb. 41 - 49 ist schließlich von den genannten Stationen für eine Reihe von Monaten der Verlauf der Ozon-Tagesmaxima und der Ozon-Tagesmittelwerte aufgezeichnet.

Es ist dabei insgesamt ein annähernd paralleler Verlauf dieser beiden Meßgrößen festzustellen. Der Differenzbetrag zwischen den beiden Werten stellt ein Maß für die Schwankungsbreite des Ozon-Tagesganges dar.

Der parallele Verlauf von Maximum und Mittelwert bedeutet, daß sich das Tagesmaximum des bodennahen Ozons in guter Korrelation mit dem durchschnittlichen Ozongehalt der Luft befindet, die im Laufe eines Tages an den Meßort gelangt.

Die Maximalkonzentrationen des bodennahen Ozons stellen sich ein, wenn die bodennahe Luftschicht durch Konvektion oder durch Turbulenz gut durchmischt wird. Diese Werte können deshalb in Gebieten, die frei von Luftverunreinigungen sind, als angenähert repräsentativ für den troposphärischen Ozongehalt angesehen werden.

Inwieweit der Wert des Ozon-Tagesmaximums in Bodennähe auch als absolutes Maß für den Ozongehalt in der freien Troposphäre angesehen werden kann, zeigt eine separate Untersuchung des Kap. 2.32.

Gemäß Abb. 50 folgt, daß die Troposphäre kein einheitliches Ozonreservoir darstellt. Es zeigen sich gemäß Abb. 50 sowohl Unterschiede im absoluten Betrag des Tagesmaximums als auch Unterschiede in den relativen Änderungen des Tagesmaximums als Funktion der Zeit. Die Ursachen, welche diese Unterschiede bewirken, sollen in späteren Kapiteln dieser Arbeit untersucht werden.

2.32 Zusammenhang zwischen den Maximalwerten des bodennahen Ozons und der mittleren troposphärischen Ozon-Konzentration

Mit Hilfe der Abb. 9 soll der Zusammenhang zwischen dem Bodenozon und dem troposphärischen Ozon studiert werden.

Die Messungen fanden am Observatorium des Deutschen Wetterdienstes Hohenpeißenberg (Oberbayern) statt. Die troposphärische Ozonkonzentration wurde mit Hilfe von Ozon-Radiosonden vom Typ Brewer-Mast ermittelt [ATTMANNSPACHER, 1969], während das Bodenozon mit der Registrieranlage gemessen wurde.

Als mittlere troposphärische Ozonkonkonzentration wird der Mittelwert des Mischungsverhältnisses Ozon / Luft zwischen dem Erdboden und der Tropopause bezeichnet.

Dieses mittlere troposphärische Mischungsverhältnis und das maximale Mischungsverhältnis, das am Aufstiegstag am Boden gemessen wurde, sind jeweils zu einem Wertepaar zusammengefaßt.

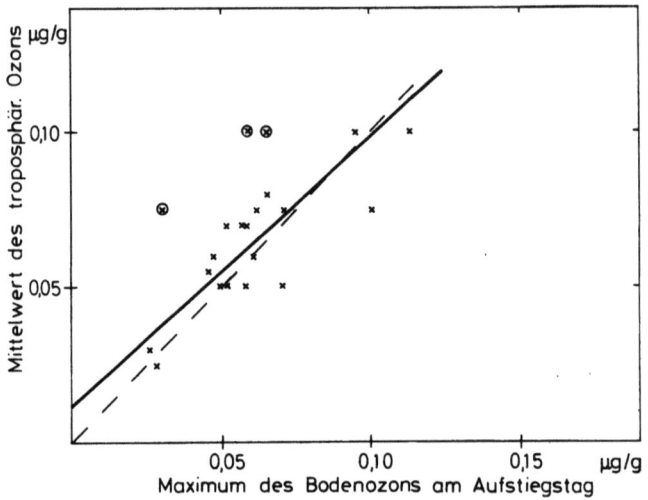

Abb. 9: Simultane Messungen des bodennahen Ozons und des Ozons der freien Troposphäre am Meteorologischen Observatorium Hohenpeißenberg.

Im Zeitraum von 6 Monaten, von August bis November 1968 und von Januar bis März 1969, fanden 21 Ozon-Radiosondenaufstiege bei gleichzeitiger einwandfreier Dauerregistrierung am Boden statt.

In der Abb. 9 sind entsprechend 21 Punkte in das Streuungsdiagramm eingezeichnet. Von diesen Punkten sind drei mit einem Kreis umrandet. Bei ihnen handelt es sich um Werte, die im März 1969 an Tagen erzielt wurden, an denen eine Inversionsschicht einen vertikalen Massenaustausch zwischen den bodennahen Schichten und der höheren Troposphäre verhinderte.

An solchen Tagen können die Werte des bodennahen Ozons nicht als repräsentativ für das troposphärische Ozon angesehen werden.

Bei der folgenden Betrachtung bleiben deshalb diese Punkte unberücksichtigt.

Durch die Punktwolke mit den verbleibenden 18 Punkten ist eine Gerade y = a + bx gelegt (ausgezogene Linie), wobei als Anpassungskriterium die Methode der kleinsten Quadratsumme verwendet wurde.

Bezeichnet man die Maximalwerte des Bodenozons mit x und die troposphärischen Ozonwerte mit y, so lautet die Gleichung dieser Regressionsgeraden:

$$y = 0,011 + 0,86\, x\,. \qquad (19)$$

Die gestrichelt gezeichnete Linie geht in der Abb. 9 durch den Nullpunkt. Sie soll die Regressionsgerade y = x darstellen. Diese Gerade wäre gültig, wenn im statistischen Mittel die Tagesmaximalwerte des bodennahen Ozons und die mittlere Ozonkonzentration der freien Troposphäre den gleichen Wert besitzen würden.

Die aus der gegebenen Punkteverteilung errechnete Regressionsgerade nimmt gemäß Gl. (19) für den Wert x = 0 den Wert y = a = 0,011 μg/g an.

Ob es sich bei dieser Geraden gemäß Gl. (19) um eine für die Station individuelle Regressionsgerade handelt oder ob sie durch die statistische Unsicherheit des relativ geringen Umfangs des Meßmaterials zustande kommt, wird in Zukunft mit Hilfe eines erweiterten Meßmaterials zu untersuchen sein.

Als Maß für die Stärke des linearen Zusammenhangs der x- und y-Werte ergibt sich mit den vorliegenden Meßwerten der Korrelationskoeffizient:

$$r = 0,84.$$

Die täglichen Maximalwerte des Bodenozons und die mittlere troposphärische Ozonkonzentration weisen also eine zufriedenstellende positive Korrelation auf.

2.33 Deutung der Häufigkeitsverteilung der Ozon-Tagesmaxima auf die Stundenintervalle an drei ausgesuchten Stationen

Die Abb. 10 zeigt in der Form eines Histogramms die Häufigkeitsverteilung von Ozon-Tagesmaxima auf die einzelnen Stundenintervalle.

Jedes einzelne Tagesmaximum wird an der Ordinate mit einer Einheit gezählt.

Von den Ozonmessungen der Stationen Norderney und Zugspitze konnten aus dem Zeitraum Februar bis Juni 1969 jeweils 100 Tage mit einwandfreier Registrierung für die Abb. 10 benutzt werden.

Von den Registrierungen am Observatorium Hohenpeißenberg wurden aus dem Zeitraum August bis November 1968 und Januar bis April 1969 136 Tage ausgewertet.

Aus den Histogrammen ist allgemein zu erkennen, daß das relative Maximum im täglichen Gang des bodennahen Ozons in nahezu allen Stundenintervallen auftreten kann. Im einzelnen zeigen jedoch diese Verteilungen charakteristische Merkmale.

An der Station Hohenpeißenberg liegt eine sprunghafte Zunahme der Häufigkeit am frühen Nachmittag ab 14.00 Uhr MEZ und eine schnelle Abnahme ab 18.00 Uhr vor.

Um Mitternacht zeigt das Histogramm erneut einen starken Anstieg. Die Zahl der Tage, an denen das Maximum in den folgenden Nacht- und Morgenstunden auftritt, wird immer geringer.

2.3

In Norderney verschiebt sich gegenüber Hohenpeißenberg der Bereich maximaler Häufigkeit vom frühen auf den späten Nachmittag und auf den Abend.

Der Bereich, in dem die Tagesmaxima überwiegend auftreten, liegt zwischen 15.00 und 21.00 Uhr MEZ.

Der Anstieg um Mitternacht erfolgt in Norderney eine Stunde früher als in Hohenpeißenberg, wobei die Zahl der in den Nachtstunden auftretenden Maxima hauptsächlich in das Zeitintervall zwischen 23.00 und 2.00 Uhr fällt.

Im Vergleich mit diesen beiden einander ähnlichen Histogrammen weist die Häufigkeitsverteilung der Ozonmaxima an der Zugspitz-Station einen wesentlichen Unterschied auf.

Das Zeitintervall Mittag bis Abend, welches für die anderen Stationen ein Bereich maximaler Häufigkeit ist, erweist sich an der Zugspitze als Minimumsektor.

Nur an 10 von 100 Tagen tritt in der Zeit von 13.00 bis 21.00 Uhr das Ozon-Maximum auf, während vergleichsweise das Tagesmaximum in Norderney an 52 Tagen in dieses Zeitintervall fällt.

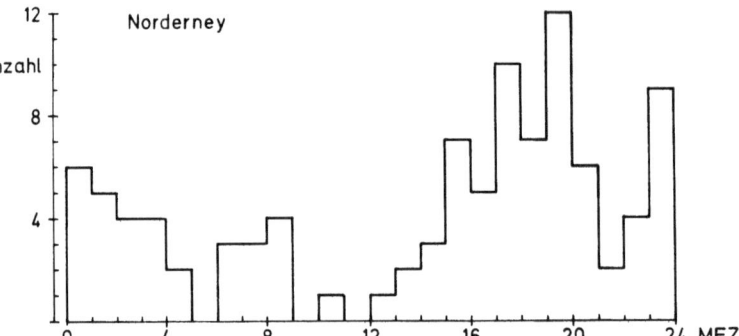

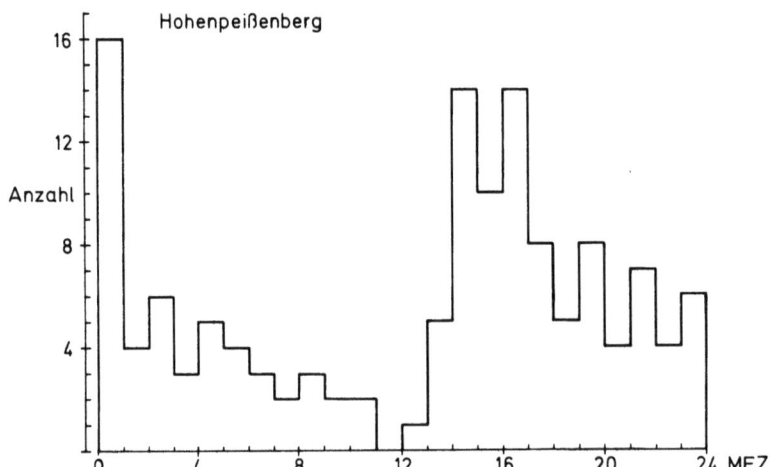

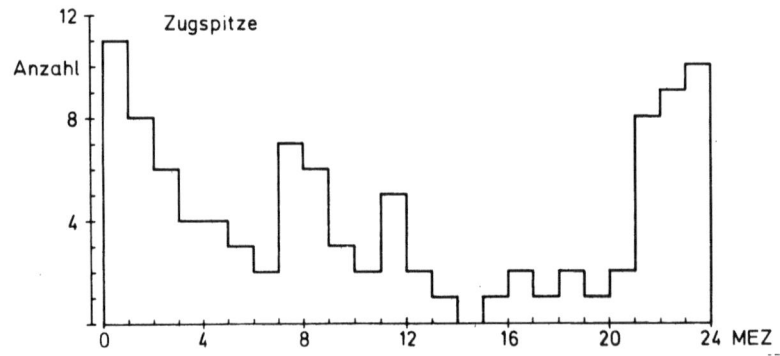

Abb. 10: Häufigkeitsverteilung der Ozon-Tagesmaxima auf die Stundenintervalle an drei ausgesuchten Stationen.

Eine rasche Zunahme der Häufigkeit erfolgt an der Zugspitze ab 21.00 Uhr, wobei das Zeitintervall mit überdurchschnittlicher Anzahl an Tagesmaximalwerten von 21.00 bis 3.00 Uhr nachts reicht.

Eine zweite Spitze in dem Zugspitz-Histogramm zeigt sich zwischen 7.00 und 9.00 Uhr morgens.

Die Unterschiede der Ozonmaxima-Histogramme gemäß Abb. 10 kommen aufgrund der unterschiedlichen Topographie, der Höhenlage und der verschiedenartigen meteorologischen Bedingungen der einzelnen Stationen zustande. Die Häufigkeitsverteilung der Ozonmaxima von Norderney und Hohenpeißenberg läßt sich gut mit dem Bjerknesschen Zirkulationstheorem verstehen [BJERKNES, 1912]. Dieses Theorem dient in der Meteorologie zur Erklärung der Land- und Seewindzirkulation, sowie der Hangauf- und Hangabwinde.

Nach diesem Theorem liegen an der Küste in grob vereinfachender Beschreibung folgende Verhältnisse vor. Nach Sonnenaufgang wird als Folge der Sonneneinstrahlung das Land stärker als die Wasseroberfläche erwärmt, wodurch sich eine kleinräumige Zirkulation mit einem unteren Seewind und einer Gegenströmung in der Höhe ausbildet.

Analoges gilt für die verschiedenartige Erwärmung zwischen der freien Atmosphäre und steil ansteigenden Berghängen.

Bei Nacht drehen sich die Verhältnisse um und erzeugen eine gegenläufige Zirkulation.

Die Abb. 11 gibt zur Veranschaulichung dieser Verhältnisse die theoretische Stromfigur des Land- und Seewindes unter bestimmten Annahmen über den Reibungseinfluß und die Corioliskraft wieder.

Das Histogramm von Norderney zeigt, daß die Ozonmaximalwerte relativ selten in den Morgen- und Mittagsstunden auftreten. Gemäß dem Bjerknesschen Theorem bringt der Seewind am Morgen Luft an die Station, die sich während der letzten Nachtstunden unmittelbar über dem Meer befunden hat. In den Mittagsstunden, bei stärkster Ausprägung des Seewindes, hat die Luft einen relativ langen Weg direkt über dem Meer zurückgelegt.

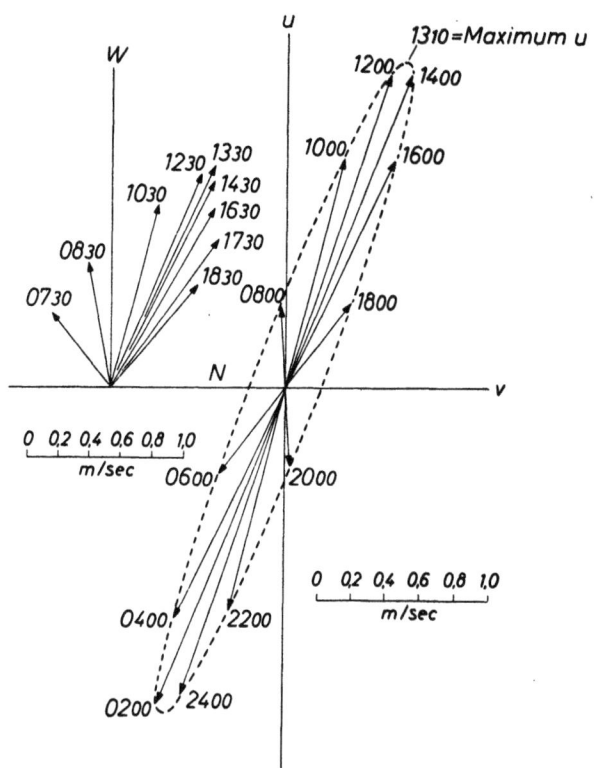

Abb. 11: Theoretische Stromfigur (Stromellipse) bei Land- und Seewind unter dem Einfluß von Reibung und Corioliskraft. Maximale Temperaturdifferenz Land-Wasser um 12 Uhr Ortszeit. Das Vektordiagramm oben links zeigt den mittleren Wind während der Land- und Seewindperiode (07.30 - 18.30 EST) am Logan Airport in Boston, Mass., USA (Mittel aus 40 Fällen) nach DEFANT.

Im gesamten Zeitintervall vom Morgen bis zum Mittag liegt die Küste mithin im Zustrom von Luft, die durch längeren Kontakt mit der Meeresoberfläche relativ ozonarm geworden ist. Erst am Nachmittag, wenn man nach dem Bjerknesschen Theorem an der Küste Luft aus größeren Höhen oberhalb des Meeres erwarten kann, zeigt sich gemäß Abb. 10 eine wachsende Zahl von Ozonmaxima.

Verständlich wird auch aus den obigen Ausführungen die hohe Anzahl der Ozonmaxima zwischen 18.00 und 20.00 Uhr MEZ.

In diesem Zeitintervall kehren sich gemäß Abb. 11 die Zirkulationssysteme um. Im Übergangszeitraum, beim Kleinerwerden der Zirkulationszelle des Tages und beim Entstehen der Nacht-Zirkulationszelle herrscht unmittelbar an der Küste böiger Wind und ein verstärkter Vertikaltransport, der für Zufuhr von ozonreicher Luft sorgt. Nach Umkehr der Zirkulation setzt ein unterer Landwind und eine Gegenströmung in der Höhe ein.

Aus dem Anstieg im Histogramm um 23.00 Uhr kann man schließen, daß erst zu dieser Stunde die Küstenstation von Luft erreicht wird, die aus größeren Höhen über dem Land stammt.

Mit dem schnellen Nachlassen der Windgeschwindigkeit ab 2.00 Uhr nachts gemäß Abb. 10 kann man wegen der relativ hohen Ozonzerstörung über Land nur noch mit einer durchschnittlichen Anzahl von Ozonmaxima ab 2.00 Uhr nachts rechnen. Diese Annahme wird von der Häufigkeitsverteilung von Norderney bestätigt, die in den Nachtstunden zum Morgen hin eine abnehmende Zahl von Ozonmaxima aufweist.

Analog den obigen Ausführungen ist es möglich, mit Hilfe des Bjerknesschen Theorems in qualitativem Rahmen die Gestalt des Histogramms von Hohenpeißenberg zu erläutern. Aufgrund der unterschiedlichen Erwärmung und Abkühlung kommt es zwischen dem aus der oberbayrischen Hochebene herausragenden Kegelberg Hohenpeißenberg (1000 m ü. NN) und der freien Atmosphäre in seiner Umgebung zu einer kleinräumigen Tag- und Nachtzirkulation.

Diese bewirkt am Tage, daß warme Luft über dem Berg aufsteigt, während relativ kühlere und ozonreichere Luft aus der benachbarten Atmosphäre nachströmt.

Diese Zirkulation bewirkt am Tage gemäß Abb. 10 die relativ große Zahl von Ozonmaxima zwischen 14.00 und 18.00 Uhr. Auffällig ist, daß aus dem Histogramm in den Nachtstunden das Zeitintervall von 0.00 bis 1.00 Uhr mit einem besonders zahlreichen Auftreten der Ozonmaxima herausragt.

Dieses dürfte nach dem Bjerknesschen Theorem dadurch zustande kommen, daß an dem Bergmassiv die nächtliche Zirkulationszelle an einer größeren Anzahl von Tagen in gleicher Weise ausgebildet ist. Dabei dürfte im Zeitintervall maximaler Windgeschwindigkeit, gemäß Abb. 10 zwischen 0.00 und 1.00 Uhr nachts, Luft an die Station gelangen, die aus den entferntesten Gebieten der Zirkulationszelle stammt. Diese Luft aus der freien Atmosphäre wird dann wegen fehlender reduzierend wirkender Verschmutzung das relative Ozonmaximum bewirken.

Das Histogramm der Zugspitze kommt als Folge andersartiger kleinräumiger Zirkulationsvorgänge zustande. Die Verhältnisse unterscheiden sich von Hohenpeißenberg, da es sich bei der Zugspitze nicht um einen einzelnen freistehenden Berg handelt. In den Mittag- und Nachmittagsstunden steigt die Luft aufgrund der größeren Erwärmung aus den Voralpentälern auf. Die Zugspitze gerät dabei in den Einflußbereich relativ ozonarmer Luft aus der unteren Atmosphäre. Ferner ist die Luft den Hang entlanggeglitten und hat dabei zusätzlich Ozon eingebüßt. Die äußerst geringe Anzahl der Tage, an denen das Ozonmaximum zwischen 13.00 und 21.00 Uhr auftritt, wird dadurch verständlich. Mit der Abkühlung am Abend kommt der Zustrom der Luft aus den Tälern zum Stillstand. In dem Histogramm steigt entsprechend ab 21.00 Uhr die Anzahl der Ozonmaxima stark an. In den Nachtstunden zwischen 21.00 bis 3.00 Uhr bleibt die Zahl der pro Stundenintervall auftretenden Ozonmaxima etwa gleich groß.

Die bemerkenswerte Spitze in dem Histogramm der Zugspitze zwischen 7.00 und 9.00 Uhr morgens ist wohl damit zu erklären, daß die Sonneneinstrahlung nach Sonnenaufgang zu einer unterschiedlichen Erwärmung des oberen Bergmassivs und der freien Atmosphäre in der Umgebung führt. Eine dadurch bewirkte Luftzirkulation im Sinne des Bjerknesschen Theorems wird in 3000 m Höhe schon in den ersten Morgenstunden zum Eintreffen ozonreicher Luft aus der freien Troposphäre führen. Dies dürfte der Grund dafür sein, daß an der Zugspitze an einer Reihe von Tagen bereits in den frühen Morgenstunden das relative Ozon-Tagesmaximum erreicht wird.

Eine Zunahme des Meßmaterials dürfte in Zukunft noch detailliertere Vergleiche zwischen den einzelnen Ozon-Meßstationen ermöglichen. Wünschenswert sind dabei insbesondere Messungen an räumlich benachbarten Stationen, die in unterschiedlichen Höhen liegen. Mit Hilfe dieser Untersuchungen dürfte man statistisch gesicherte Aussagen über Vertikaltransporte in der unteren Atmosphäre erhalten.

Diese Aussagen sind mit anderen Meßmethoden bis heute noch nicht befriedigend zu erzielen.

3. Untersuchung der zeitlichen und räumlichen Variationen des troposphärischen Ozons auf der Nordhalbkugel der Erde

3.1 Zeitliche Variationen des troposphärischen Ozons als Folge des stratosphärisch-troposphärischen Austausches

3.11 Der großräumige Ozonkreislauf und der Austausch zwischen der Stratosphäre und der Troposphäre

Einzelmessungen des Ozonprofils mit Radiosonden in weiter Verteilung über die Erde, simultane Aufstiegsprogramme in Nordamerika und Europa und nicht zuletzt jahrelange Gesamtozon-Messungen mit den Dobson-Geräten an über 100 Stationen bilden die Grundlage für die Vorstellung von der Bildung, Zerstörung und der Verteilung des Ozons in der Erdatmosphäre.

Die weltweiten Messungen haben gezeigt, daß in mittleren Breiten der Jahresgang des Gesamtozons über den Stationen mit einem ausgeprägten Maximum im Spätwinter (Februar/März) und einem Minimum im Herbst (Oktober/November) durch das Ineinandergreifen großräumiger stratosphärischer Zirkulationsvorgänge verursacht wird.

Man kann sich dabei unter Beschränkung auf die wesentlichen Vorgänge grob vereinfachend folgende Vorstellung vom jahreszeitlichen Kreislauf des Ozons in der Atmosphäre machen:

Das Hauptquellgebiet des atmosphärischen Ozons stellt die tropische Stratosphäre dar. In der Äquatorzone wird das Ozon aus den Schichten zwischen 25 und 30 km Höhe von großräumigen Luftströmungen - vorwiegend nach der jeweiligen Winterhemisphäre - mitgenommen und nach Zonen mittlerer und hoher Breiten verfrachtet [REGENER, 1941; DÜTSCH, 1962; 1969; BREWER u. WILSON, 1968].

Die polwärts gerichtete Komponente der stratosphärischen Luftverfrachtung - in der Höhe des Ozonmaximums - kommt dabei durch das Ineinandergreifen einer äquatorialen Hadley-Zelle (mit meridionaler Zirkulation) und den stratosphärischen Wirbelsystemen der mittleren Breiten zustande.

Die Süd-Nord-Komponente auf der Nordhalbkugel ist am stärksten im frühen Winter und am schwächsten im Spätsommer ausgeprägt. Der mit ihr verbundene Ozon-Transport ist in Höhen zwischen 17 und 25 km wirksam, wobei diese Schicht - etwa parallel zu den Flächen gleicher potentieller Temperatur - ein Absinken vom Äquator zu den Polen hin zeigt.

Gleichzeitig mit den großräumigen Horizontalbewegungen erfolgen in dieser Schicht schwache Vertikalbewegungen. Das zeigt sich darin, daß die Schicht maximaler Ozonkonzentration, welche in äquatorialen Breiten scharf ausgeprägt ist, gegen die Pole hin nach unten eine zunehmende Verbreiterung zeigt [NEWELL, 1963; HERING, 1965, 1968].

Der rückläufige Teil des Ozonkreislaufes setzt in hohen Breiten ein. Vorwiegend in den Zonen zwischen $60°N$ und $70°N$ wird das Ozon aufgrund meridionaler Temperaturunterschiede in die untere Stratosphäre verfrachtet und von hier zwischen den polwärts gerichteten Strömungsschichten und der Tropopausenregion in mittlere und niedere Breiten zurückgeführt [MOSER, 1949; NEWELL, 1963].

Bei dieser rückfließenden Ozonströmung kann man jedoch nur noch im statistischen Mittel von einer überwiegenden Nord-Süd-Komponente sprechen. Da eine Kopplung zwischen dem Geschehen in der oberen Troposphäre und der unteren Stratosphäre besteht, stellt sich der Rückfluß in der unteren Stratosphäre gemäß der jeweiligen Höhenwetterlage als eine Vielfalt von Luftbahnen dar [MOSER, 1949; FABIAN, 1967].

Es erfolgt dabei gleichzeitig ein teilweises Abfließen des Ozons aus der unteren Stratosphäre in die Troposphäre hinein, von wo es durch Turbulenz- und Thermikströmungen in bodennahe Luftschichten bzw. in Bodennähe gelangt und hier aufgrund von Oxydationsreaktionen rasch abgebaut wird.

3.12 Troposphärische Ozonkonzentration als Funktion des stratosphärischen Ozonbetrages in der bestehenden Theorie

Es wurde bereits auf S.5 bemerkt, daß zusammenhängende Meßreihen des Ozons der Troposphäre und der bodennahen Luftschicht nur vereinzelt vorliegen.

In der bisher einzigen zusammenfassenden Arbeit über den globalen Ozonhaushalt konnte sich JUNGE [1962] bei der Bearbeitung des troposphärischen Ozons deshalb nur auf wenige Jahresgänge stützen, die an den Stationen Fichtelberg, Wahnsdorf, Brocken, Mauna-Loa (Hawaii), Arosa (Schweiz) und Srinagar (Indien) am Boden gewonnen waren. Im Durchschnitt wurden von den Stationen 4 Stunden-Meßwerte des Ozons pro Tag ermittelt. Die Jahresgänge mit einem ausgeprägten Maximum im April und einem breiten Minimum November/Dezember sind dabei aus den Monatsmitteln der Tagesmaxima gebildet. JUNGE findet an den untersuchten Stationen, unter Berücksichtigung ihrer unterschiedlichen geographischen Lage, einen recht einheitlichen Jahresgang des bodennahen Ozons und schließt daraus, daß die Troposphäre in mittleren Breiten ein homogen durchmischtes Ozon-Reservoir darstellt.

Nach seinem Modell erfolgt in mittleren Breiten die Hauptinjektion des troposphärischen Ozons vorwiegend zur Zeit des maximalen stratosphärischen Ozongehaltes im Februar. Aus seiner weiteren Annahme, daß der Abbauvorgang des Ozons in Bodennähe sehr viel langsamer vonstatten gehe als der Injektionsvorgang durch die Tropopause, folgert er, daß die Verschiebung der Jahresmaxima zwischen Gesamtozon (Februar) und dem Ozon in Bodennähe (April) die mittlere Lebensdauer des troposphärischen Ozons darstellt.

Während die Messungen bodennahen Ozons in Arosa, Srinagar und auf Hawaii nicht weitergeführt oder nicht veröffentlicht wurden, setzte man die Messungen an den mitteldeutschen Stationen fort.

In einer Veröffentlichung von WARMBT wird 1965 für die verschiedenen Stationen ein ähnlicher Verlauf des bodennahen Ozons mit einem Maximum im Mai/Juni und einem Minimum im November/Dezember angegeben. Die Ergebnisse entsprechen annähernd den Ergebnissen aus den Meßreihen, die bis 1962 für die JUNGEschen Untersuchungen zur Verfügung standen.

Allerdings ist das Jahresmaximum des Bodenozons im Zeitraum Mai/Juni um gut 1 1/2 Monate zum Sommer hin verschoben.

Bei der Interpretation seiner Messungen schließt sich WARMBT den Vorstellungen des JUNGEschen Modells an. Ein deutliches sekundäres Maximum im August/September im mittleren Ozon-Jahresgang an der am höchsten gelegenen Station Fichtelberg (1213 m), deren Meßwerte wohl am besten das troposphärische Ozon repräsentieren, wird nicht näher untersucht.

Dieses sekundäre Sommermaximum scheint bei den Ozonmessungen an den Flachland-Stationen im mitteldeutschen Raum nicht meßbar zu sein. Ein Grund könnte eventuell in einer im Sommer stärker ausgebildeten Anreicherung mit reduzierend wirkenden Spurenstoffen in der atmosphärischen Grundschicht zu suchen sein.

In verschiedenen Arbeiten aus jüngerer Zeit über atmosphärische Tracer wird die JUNGEsche Theorie über den stratosphärisch-troposphärischen Ozonaustausch zitiert und als gültig angesehen [z.B. BREWER u. WILSON, 1968].

Die Auswertungen des in den letzten Jahren stark angewachsenen Ozon-Meßmaterials geben allerdings Anlaß zu einigen kritischen Anmerkungen. Diese betreffen den Jahresgang des troposphärischen Ozons, die kurzzeitigen relativen Änderungen des Ozons in der Troposphäre und die Korrelation zwischen stratosphärischem und troposphärischem Ozongehalt.

3.13 Kritische Anmerkungen zu 3.12

3.131 Jahresgang des troposphärischen Ozons und des bodennahen Ozons in mittleren Breiten

Die Auswertungen von mehrjährigen amerikanischen und europäischen Ozon-Radiosondenaufstiegen in mittleren Breiten zeigen übereinstimmend für das troposphärische Ozon ein primäres Maximum im Frühjahr und ein sekundäres, i.a. stärkeres Maximum im Spätsommer. Die Jahresgänge werden im Zusammenhang mit späteren Untersuchungen in der Abb. 17 S. 39 und Abb. 19 S. 42 angegeben.

Diese Ozon-Jahresgänge stimmen dabei qualitativ überein mit dem mittleren jahreszeitlichen Verlauf des Bodenozons in Tübingen gemäß Abb. 12.

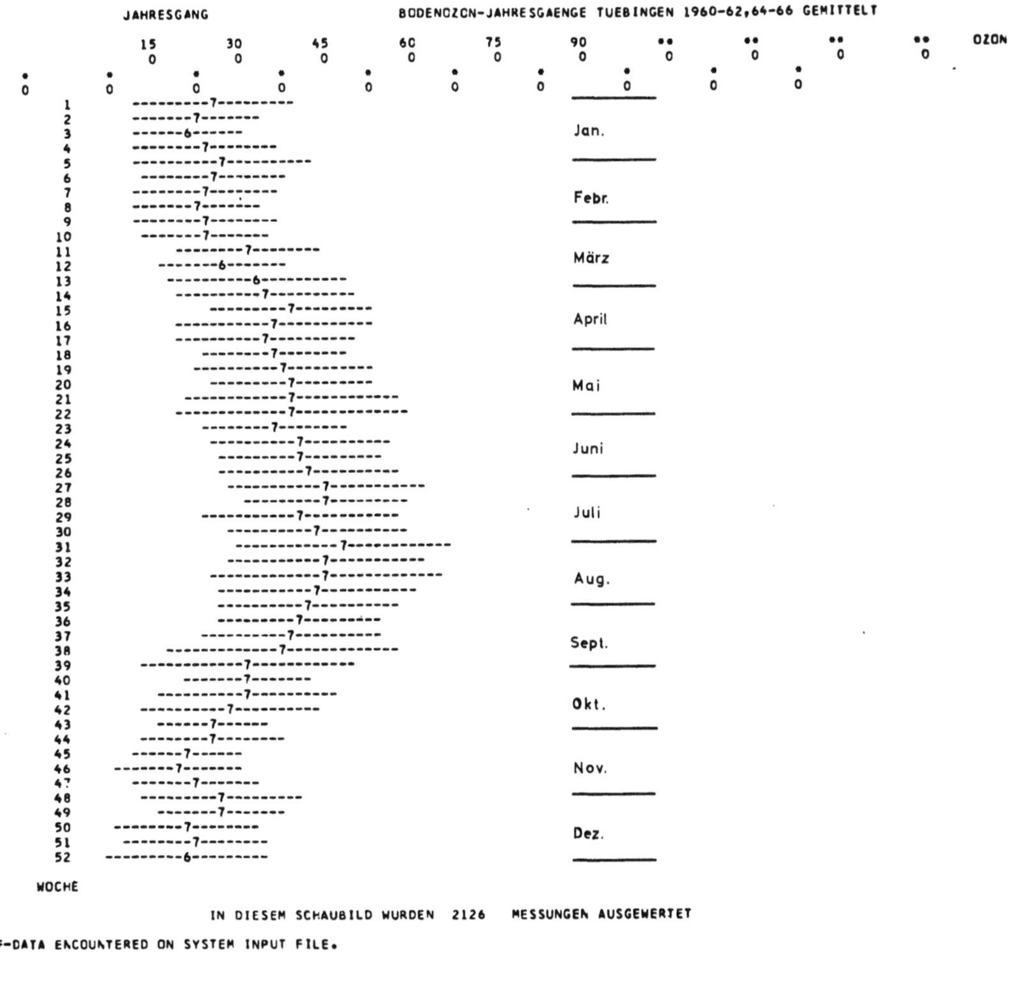

Abb. 12: Mittlerer Jahresgang bodennahen Ozons in Tübingen nach Jodmetermessungen in den Jahren 1960 - 62 und 1964 - 66.

Ausgewertet sind in der Abb. 12 die dortigen Ozonmessungen der Jahre 1960 bis 1962 und 1964 bis 1966. In diesen Jahren wurde von der Meteorologischen Forschungsstelle des Deutschen Wetterdienstes in Tübingen mit Hilfe der Jodmetermethode täglich um 7.00 , 14.00 und 21.00 Uhr, der Ozongehalt der Luft bestimmt [DAUBERT, 1960 - 1966] . Um lokale, in der Luft wirksame Reduktionseffekte zu minimieren, sind bei unserer Auswertung jeweils die Tagesmaxima verwandt.

In der Abb. 12 ist an der Ordinate die Zeit in Wochen, bzw. in Monaten abgetragen; die Abszisse gibt den Ozongehalt der Luft in $\mu g/m^3$ an. Die ausgedruckten Zahlen 6 oder 7 geben Auskunft, ob in den 6 Jahren in einer bestimmten Woche überwiegend an 6 oder an 7 Tagen gemessen wurde.

Der zu den ausgedruckten Zahlen gehörende Abszissenwert gibt den Ozonmittelwert an, der sich aus den 6 Mittelwerten für eine bestimmte Woche innerhalb der Jahre 1960 bis 1962 und 1964 bis 1966 errechnet. Die gestrichelten Linien sind ein Maß für die Spannweite. Diese wird gebildet aus dem kleinsten und dem größten Wochenmittel des täglichen maximalen Ozons aus den 6 Jahren.

Es zeigt sich gemäß Abb. 12, daß das bodennahe Ozon im mittleren Jahresgang bereits in der 15. Woche, also Mitte April, den relativ hohen Ozonmittelwert von 40 $\mu g\,O_3/m^3$ erreicht. Es zeigt sich aber weiterhin, daß im Mittel der 6 Jahre erst in der 31. Woche (Anfang August) das Jahresmaximum mit ca. 50 $\mu g\,O_3/m^3$ erreicht wird. Dieser Jahresgang des bodennahen Ozons zwingt zu folgender Schlußfolgerung.

Nimmt man an, daß die Hauptinjektion des Ozons in die Troposphäre im Februar/März erfolgt (3.12), so müßte aus der Maximum-Verschiebung zwischen Gesamtozon (Ende Februar) und dem Ozon in Bodennähe (Anfang August) eine Lebensdauer des troposphärischen Ozons von 5 Monaten gefolgert werden. Eine solche Lebensdauer ist aber aufgrund der troposphärischen Ozonmessungen auszuschließen.

Die zahlreichen Ozon-Radiosondenaufstiege haben gezeigt, daß relative Änderungen des Ozon-Gesamtbetrages in einem lokalen Troposphärenbereich von 30 - 40 % im Laufe eines Monats im Sommerhalbjahr nicht selten sind.

Diese Änderungen müssen aber unverständlich bleiben, wenn man annimmt, daß die Injektion des troposphärischen Ozons vorwiegend im Frühjahr erfolgt und die Hauptmenge des injizierten Ozons aufgrund der Lebensdauer von 5 Monaten noch in den Sommermonaten existent ist.

Die Änderungen des Ozonbetrages in der Troposphäre werden im folgenden näher untersucht.

3.132 Kurzzeitige relative Änderungen des Ozongehaltes in der Troposphäre

Nach der unter 3.12 kurz erläuterten Theorie stellt die Troposphäre ein gut durchmischtes Ozon-Reservoir dar mit einem konstanten Mischungsverhältnis Ozon/Luft oberhalb der reduzierenden Grundschicht und unterhalb der Ozon-Injektionszone in der Tropopausenregion. Unter der Annahme, daß das Mischungsverhältnis als weitgehend unabhängig von Horizontal- und Vertikalbewegungen anzusehen ist, ergibt sich, daß die Luftschichten konstanter Druckstufen nur geringfügige Variationen des Ozongehaltes im Laufe eines Tages zeigen dürfen.

Insbesondere sollte man erwarten, daß die Troposphäre im mittleren Bereich (400 mb - 500 mb) in guter Entfernung von der Ozon-Injektionszone und der Ozon-Vernichtungszone einen Ozongehalt aufweist, der sich innerhalb eines oder mehrerer Tage nur um wenige Prozent ändert.

Diese Annahme konnte bei der folgenden Untersuchung nicht bestätigt werden. Es wurden dabei die Meßergebnisse ausgewertet, welche mit Ozon-Radiosondenaufstiegen innerhalb zweier Jahre über Boulder/Col., USA erzielt wurden [DÜTSCH, 1966] . Von den 342 Aufstiegen fanden 161 an aufeinanderfolgenden Tagen statt. Von ihnen wurde das mittlere Mischungsverhältnis (Ozon/Luft) von der 400 mb- und der 500 mb-Schicht der Tage T mit dem Mischungsverhältnis des jeweiligen Vortages T-1 zu einem Wertepaar zusammengefaßt.

Das Ergebnis zeigt die Abb. 13.

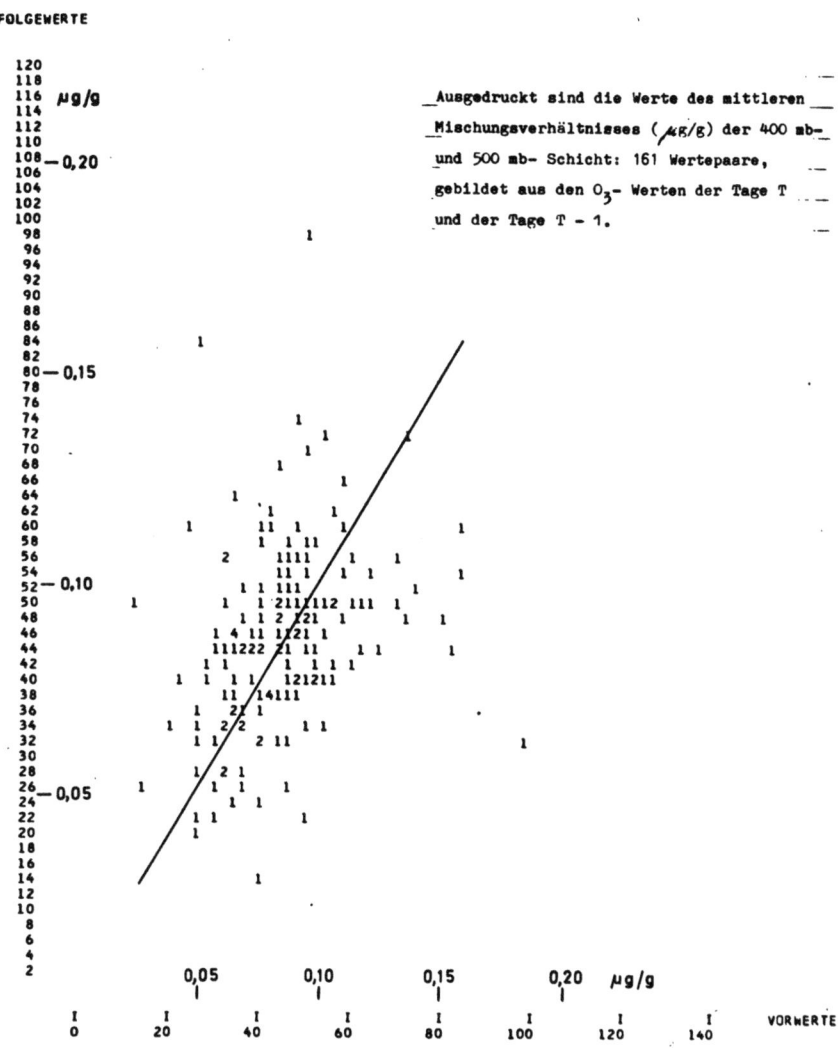

Abb. 13: Korrelation des troposphärischen Mischungsverhältnisses Ozon/Luft am Tage T mit dem Mischungsverhältnis am Vortage T-1.

Bei quasi konstantem Ozongehalt innerhalb von 24 Stunden sollten sich die Wertepaare eng um die in das Diagramm eingezeichnete Linie gruppieren. Ein Auf- und Absteigen der Wertepaare längs dieser Geraden würde gemäß dem Ozon-Jahresgang erfolgen.

Die Abb. 13 zeigt jedoch im mittleren Bereich um 0,08 µg/g als Streuungsmaß eine Spannweite von 0,05 - 0,12 µg/g. Das bedeutet, daß die größten vorkommenden Änderungen des Ozongehalts in der mittleren Troposphäre innerhalb 24 Stunden 50 % - vom mittleren Wert aus gerechnet - betragen können.

Im Mittel zeigen die Werte des Folgetages - im ganzen vorkommenden Bereich - Abweichungen von ± 20 % gegenüber dem Ozonwert des Vortages.

3.1

Ein Zusammenfassen entsprechender Werte von den Aufstiegstagen T mit den Werten der Tage T - 2 zeigt die Abb. 14 .

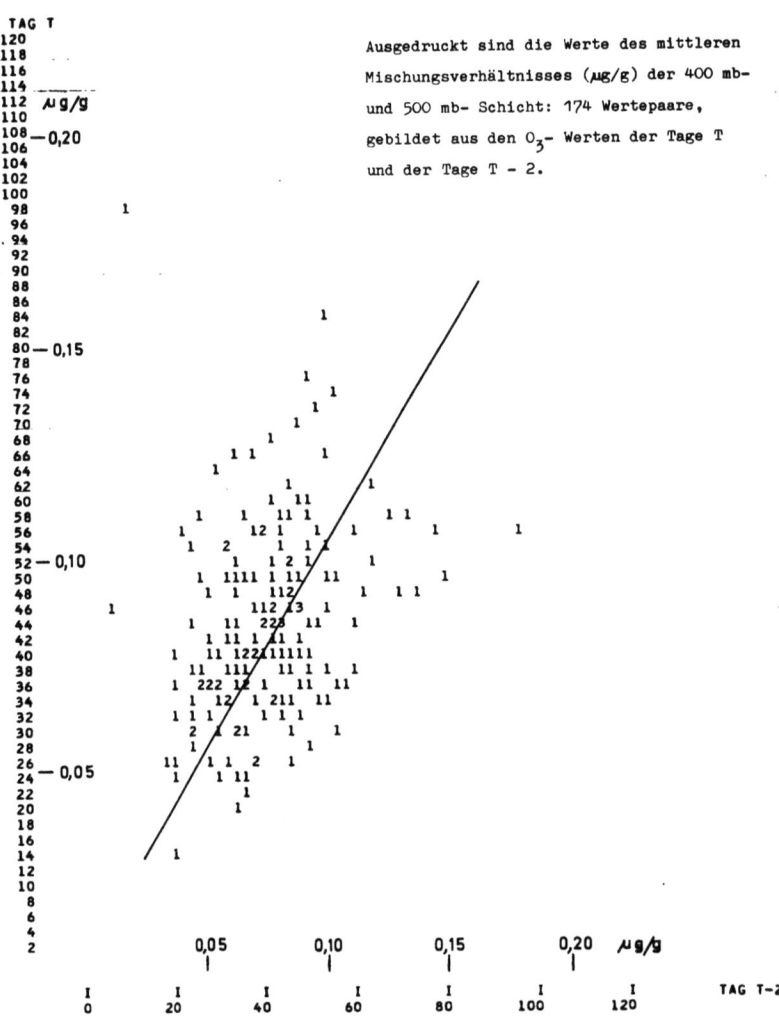

Abb. 14 : Korrelation des troposphärischen Mischungsverhältnisses Ozon/Luft am Tage T mit dem Mischungsverhältnis am Tage T - 2 .

Als Ausgangsmaterial dienten - wie bei Abb. 13 - 342 Aufstiege. Von diesen Aufstiegen fanden 172 mit zwei Tagen Differenz statt. Es ergibt sich wie erwartet eine leichte Verbreiterung der Punktwolke. Die Abweichungen des Mischungsverhältnisses Ozon/Luft eines Tages T gegenüber einem Tag T - 2 beträgt im Mittel ca. 25 %. Analoge Ergebnisse lieferten die Untersuchungen mit den Werten anderer troposphärischer Schichten und mit dem gesamten troposphärischen Ozongehalt.

Die Ergebnisse wurden weiter bestätigt durch Untersuchungen der Aufstiegsdaten von anderen Stationen (Hohenpeißenberg, Berlin), wobei jedoch der Umfang des Meßmaterials leider bedeutend bescheidener ist und somit für die endgültige Darstellung noch nicht ausreichend erscheint.

3.133 Korrelation zwischen dem Ozongehalt der Stratosphäre und der Troposphäre

Nach der unter 3.12 zitierten Auffassung wird der Ozonfluß aus der Stratosphäre in die Troposphäre nur in Abhängigkeit vom Ozongehalt der unteren Stratosphäre gesehen. Wenn diese Auffassung gültig ist, dann ist aber zu folgern, daß die relativen Änderungen des Mischungsverhältnisses Ozon/Luft oberhalb und unterhalb der Tropopause einen parallelen Gang aufweisen. Es ist mithin zwischen den Beträgen des stratosphärischen und des troposphärischen Ozons eine starke positive Korrelation zu erwarten.

Bei unserer Untersuchung wurden mit Hilfe der Meßergebnisse von 492 Ozon-Radiosondenaufstiegen über Boulder von 1963 bis 1966 [DÜTSCH, 1966] die relativen Änderungen des Mischungsverhältnisses Ozon/Luft der 200 mb-Schicht mit den entsprechenden Werten der 300 mb- bzw. 500 mb-Schicht korreliert. Dabei wurden einmal diese Werte vom jeweils gleichen Aufstiegstag zu Wertepaaren zusammengefaßt und zum anderen zeitliche Verschiebungen um ein oder mehrere Tage vorgenommen. Es zeigte sich bei diesen Untersuchungen übereinstimmend, daß örtlich über dem Aufstiegsgebiet nur schwache Korrelationen im Gang des Ozongehaltes oberhalb und unterhalb der Tropopause festzustellen sind. Die Korrelationskoeffizienten liegen zwischen 0,05 und 0,35.

Ergänzt und bestätigt wird dieses Ergebnis durch die Rechnungen von W.S. HERING [1968]. In dieser Untersuchung werden die Meßergebnisse von amerikanischen Ozon-Radiosondenaufstiegen an 7 verschiedenen Stationen derart ausgewertet, daß die Atmosphäre bis ca. 30 km Höhe in 2 km dicke Schichten eingeteilt und das Mischungsverhältnis Ozon/Luft dieser Schichten mit dem Gesamtozon korreliert wird.

Als Ergebnis zeigt sich, daß nur schwache Korrelationen zwischen dem Ozongehalt der troposphärischen Schichten und dem Gesamtozon festzustellen sind. Die Korrelationskoeffizienten liegen im Durchschnitt bei 0,35.

3.14 Deutung der zeitlichen Variationen des troposphärischen Ozons unter Berücksichtigung der Windströmungen in der Tropopausenregion

3.141 Vergleich der Monatsmittel des troposphärischen Ozons mit den Monatsmitteln der maximalen Skalarwind-Geschwindigkeit in der Tropopausenregion über Berlin von 1967 - 1968.

Gegen die Vorstellung, daß die Zuflußrate des Ozons aus der Stratosphäre in die Troposphäre allein von dem stratosphärischen Ozongehalt diktiert wird und der Jahresgang des troposphärischen Ozongehaltes quasi einen "verzögerten Gesamtozon-Jahresgang" darstellt, sprechen folgende Ergebnisse:

1. es lassen sich keine starken Korrelationen zwischen den Änderungen des Ozongehaltes der unteren Stratosphäre und der oberen Troposphäre nachweisen,

2. die Fluktuationen des troposphärischen Ozons sind stärker als bisher vielfach angenommen wurde,

3. der Jahresgang des troposphärischen Ozons zeigt in mittleren Breiten ein stark ausgeprägtes sekundäres Maximum im Spätsommer (Juli/August).

In der folgenden Untersuchung wird gezeigt, daß dagegen für die Zuflußrate des stratosphärischen Ozons in die Troposphäre die skalare Windstärke der Strömungsschichten in der Tropopausenregion von erheblichem Einfluß ist.

Bevor die Korrelation zwischen dem Ozon und dem Wind näher untersucht wird, seien einige Windprofile betrachtet, die aus den Monatsmittelwerten für die einzelnen Schichten bis 30 km Höhe gebildet sind [SCHERHAG, 1967, 1968].

Die Abb. 15 zeigt für Berlin die gemittelten Windwerte der Monate März und August 1968. Die Windprofile besitzen für das Mittel des Skalarwindes übereinstimmend ein Maximum zwischen 200 und 300 mb, d.h. in der Tropopausenregion. Dieses Maximum wird heute allgemein als hochtroposphärisches Windmaximum bezeichnet. Die Kurven zeigen übereinstimmend vom Maximum aus eine Abnahme der Windwerte nach oben in die Stratosphäre hinein und nach unten in die Troposphäre hinein. Die mittlere Windrichtung liegt dabei im Monat März im Höhenbereich 500 mb bis 100 mb zwischen 290° und 310°; der Wind kommt also in dieser Region im Mittel aus nordwestlicher Richtung. Im Monat August liegt die Windrichtung im angegebenen Höhenbereich zwischen 270° und 280°, so daß der Wind in diesem Monat im Mittel aus westlicher Richtung kam.

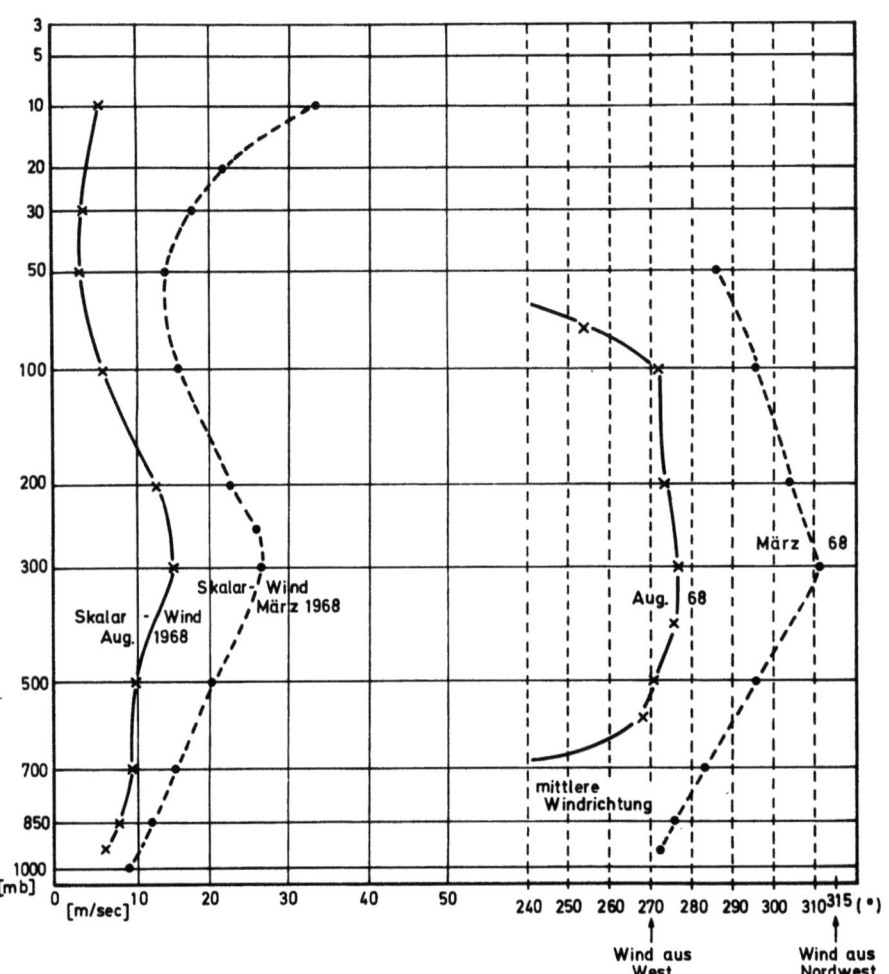

Abb. 15 : Monatsmittel der skalaren Windgeschwindigkeit und der Windrichtung über Berlin.

Dem Studium des Zusammenhangs zwischen der Zuflußrate des Ozons und der Ausprägung der Windschichten in der Tropopausenregion über einem Ort P dient die Abb. 16.

Es sind für Berlin von den Jahren 1967 und 1968 die Monatsmittel des durchschnittlichen troposphärischen Ozongehaltes und der durchschnittlichen Skalarwindstärke im hochtroposphärischen Windmaximum aufgetragen [SCHERHAG, 1967, 1968].

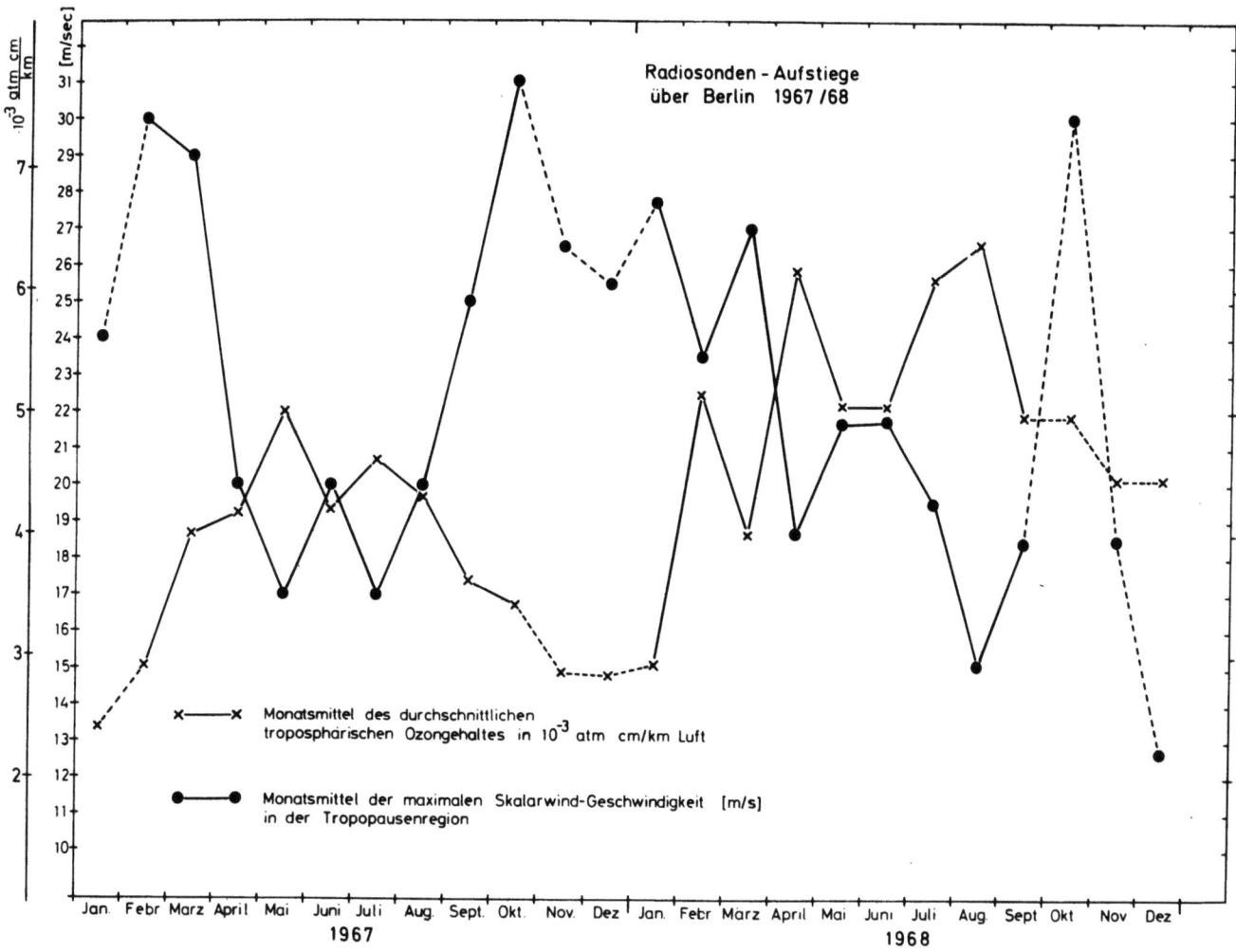

Abb. 16 : Antiparalleler Verlauf der Monatsmittel des troposphärischen Ozongehaltes und der Geschwindigkeit im hochtroposphärischen Windmaximum.

Betrachtet man von den beiden Jahren die Zeiträume (Januar/Februar bis September/Oktober), in denen im Mittel der rückläufige Teil des Ozonkreislaufs in der unteren Stratosphäre stattfindet, so zeigen die beiden Kurven der Abb. 16 in diesen Zeiträumen eine gegenläufige zeitliche Entwicklung.

Im Jahre 1967 führt eine rapide Abnahme der Windstärke in der Tropopausenregion von Februar bis Mai zu einem kräftigen Anstieg des troposphärischen Ozons. Monatliche Schwankungen der Windstärke in den Folgemonaten Juni und Juli sind korreliert mit gegenläufigen Schwankungen des troposphärischen Ozons. Ein starker Anstieg der Windstärke von Juli bis Oktober verhindert ein Nachfließen stratosphärischen Ozons in die Troposphäre und ruft gemäß Abb. 16 eine gleichmäßige Abnahme des troposphärischen Ozongehaltes hervor. Von Oktober 1967 bis Januar 1968 zeigt der Verlauf des troposphärischen Ozons ein breites Minimum.

Mit dem Versiegen des von Norden nach Süden gerichteten Ozontransportes in den untersten Stratosphärenschichten im Herbst eines jeden Jahres nimmt entsprechend der Überschuß des Ozons in der unteren Stratosphäre gegenüber der oberen Troposphäre ab. Der Ozongehalt oberhalb und unterhalb der Tropopause ist von September/Oktober bis Januar/Februar weitgehend ausgeglichen.

Während dieser Zeit bleiben dementsprechend auch starke Schwankungen der Skalar-Windstärke innerhalb der Tropopausenregion ohne Einfluß auf den troposphärischen Ozongehalt. Der Kurvenverlauf der Ozon- bzw. der Windgeschwindigkeitswerte ist für diesen Zeitraum jeweils durch eine gestrichelte Linie gekennzeichnet. Vom Januar 1968 an zeigt sich erneut ein ausgeprägt paralleler Gang der monatlichen Schwankungen der Horizontal-Windstärke und des troposphärischen Ozons.

Das Frühjahrsminimum der Windgeschwindigkeit im April führt zu dem primären Maximum des Ozons im gleichen Monat. Besonders bemerkenswert ist das starke sommerliche Skalarwindminimum mit einer Abnahme der Windstärke von Juni bis August. Es fällt zeitlich zusammen mit dem ausgeprägten Sommermaximum des troposphärischen Ozons.

Die mittlere Ozonkonzentration des Monats August 1968 zeigt gegenüber der Konzentration des Monats März 1968 eine Steigerung um fast 50 %, obwohl die Herkunft der Luft der unteren Stratosphäre im Monat März im Mittel aus nördlicheren Breiten stammt als im Monat August (s. Abb. 15).

Von August bis September nimmt das troposphärische Ozon rasch ab. Der allmähliche Übergang des Ozon-Jahresganges in das Jahresminimum im November/Dezember geschieht gemäß den obigen Ausführungen unbeeinflußt von den rapiden Schwankungen der Windstärke von September bis Dezember.

3.142 Funktionaler Zusammenhang zwischen dem troposphärischen Ozon und der maximalen Skalarwind-Geschwindigkeit.

Der Zufluß des stratosphärischen Ozons in einen lokalen Troposphärenbereich kann gemäß Abb. 16 im statistischen Mittel als eine Funktion von der Geschwindigkeit der horizontalen Strömumgsschichten in der Tropopausenregion angesehen werden.

Nach Abb. 16 ist im Zeitraum Januar/Februar bis September/Oktober eines jeden Jahres eine gut ausgeprägte gegenläufige Tendenz von den Ozon-Monatsmittelwerten und den entsprechenden Windgeschwindigkeitswerten festzustellen.

Dieser funktionale Zusammenhang zwischen der troposphärischen und stratosphärischen Ozonkonzentration und der Skalarwind-Geschwindigkeit kann durch folgende einfache Beziehung wiedergegeben werden:

$$|O_3(t)|_{Trop} = \alpha \cdot \overline{|O_3(t)|}_{Strat} (1 - \beta \cdot V_{max}). \tag{20}$$

Dabei ist:

$|O_3(t)|_{Trop}$ = Monatsmittelwert der durchschnittlichen troposphärischen Ozonkonzentration [cm/km]

$\overline{|O_3(t)|}_{Strat}$ = Mittelwert der Ozonkonzentration in der unteren Stratosphäre (200 mb - 100 mb) für den Zeitraum Januar bis Oktober [cm/km]

V_{max} = Monatsmittelwert der maximalen Skalarwind-Geschwindigkeit in der Tropopausenregion [m/sec]

α = dimensionslose Konstante, die das Verhältnis der Ozonkonzentrationen von Troposphäre und Stratosphäre für den Fall $V_{max} = 0$ angibt. Es gilt: $0 < \alpha < 1$.

β = Konstante, die den Bruchteil der Ozonkonzentration angibt, um den sich die troposphärische Ozonkonzentration vermindert, wenn $V_{max} = 1$ m/sec beträgt. Dimension = $(m/sec)^{-1}$.

Nach der Beziehung (20) errechnet sich die troposphärische Ozonkonzentration aus der Differenz von $\alpha \cdot |\overline{O_3(t)}|_{Strat}$ und $\alpha \cdot |\overline{O_3(t)}|_{Strat} \cdot \beta \cdot V_{max}$.

Dabei ist $\alpha \cdot |\overline{O_3(t)}|_{Strat}$ die maximal mögliche troposphärische Ozonkonzentration, die sich aufgrund des vertikalen Austausches mit der unteren Stratosphäre im Falle verschwindender stratosphärischer Horizontaltransporte ($V_{max} = 0$) einstellen würde.

Der zu subtrahierende Anteil: $(\alpha \cdot |\overline{O_3(t)}|_{Strat}) \cdot (\beta \cdot V_{max})$ gibt den Betrag an, um den sich die maximal mögliche Ozonkonzentration in der Troposphäre aufgrund der Horizontaltransporte in der unteren Stratosphäre verringert. Dabei muß gelten: $0 \le \beta \cdot V_{max} < 1$.

Zur Bestimmung der unbekannten Konstanten α und β setzt man die Monatsmittel der troposphärischen Ozonkonzentration (Abb. 16) und der maximalen Skalarwind-Geschwindigkeit (Abb. 16) und die mittlere Ozonkonzentration der unteren Stratosphäre in die Beziehung (20) ein.

Als mittlere Ozonkonzentration der unteren Stratosphäre (200 mb - 100 mb) ergibt sich für den Zeitraum Februar bis Oktober 1967 der Wert $|\overline{O_3(t)}|_{Strat} = 25 \cdot 10^{-3}$ cm/km und für den Zeitraum Januar bis Oktober 1968 der Wert $33,6 \cdot 10^{-3}$ cm/km.

Man erhält für jeden Monat eine Bestimmungsgleichung für α und β und erzielt so für den Zeitraum von 1967 bis 1968 ein System mit 9 bzw. 10 Gleichungen. Daraus errechnet man als mittleren Wert von $\underline{\alpha = 0,45}$ und $\underline{\beta = 0,025}$ sec/m.

Mit Hilfe dieser α- und β-Werte kann man aus der Beziehung (20) für jeden Monatsmittelwert von V_{max} einen zu V_{max} gehörenden Wert der troposphärischen Ozonkonzentration ausrechnen. Einen Vergleich des zeitlichen Verlaufs dieser so ermittelten theoretischen $|O_3(t)|_{Trop}$-Werte mit dem Verlauf der tatsächlichen gemessenen Ozonwerte stellt die Abb. 17 dar.

Der Vergleich zeigt insgesamt einen zufriedenstellend parallelen Gang beider Kurven, wobei größere Abweichungen gemäß den Ausführungen auf S. 37 und 38 jeweils nur am Anfang und am Ende einer Jahresperiode auftreten.

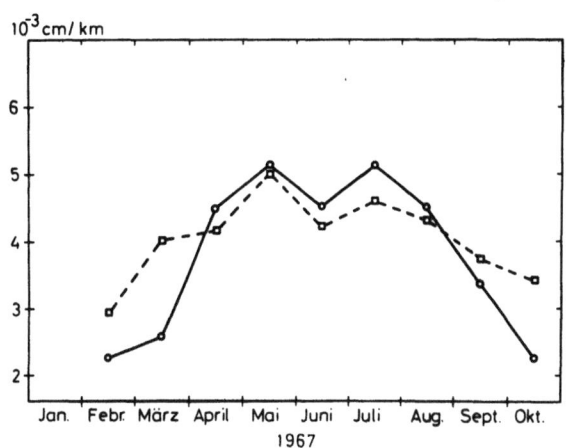

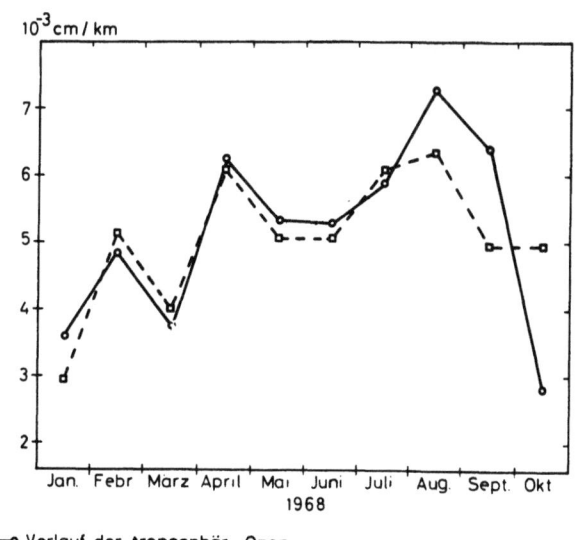

o——o Verlauf der troposphär. Ozon-Monatsmittel, errechnet aus: $|O_3(t)|_{Trop} = \alpha |\overline{O_3(t)}|_{Strat}(1-\beta \cdot V_{max})$

o- - -o Verlauf der mit Hilfe von Ozonsonden gemessenen Ozon-Monatsmittel

Abb. 17: Monatsmittelwerte der troposphärischen Ozonkonzentration als Funktion der Zeit.
Radiosondenaufstiege: Berlin 1967 bis 1968.

3.143 Ein Schemabild zur Erklärung der Zuflußrate des Ozons aus der unteren Stratosphäre in die Troposphäre.

Das Ergebnis der beiden vorhergehenden Kapitel soll an einem einfachen Schemabild gemäß Abb. 18 veranschaulicht werden. Danach sollte der vertikale Ozonfluß in dem lokalen Troposphärenbereich um P gering bleiben, wenn eine ozonreiche Luftmasse in der unteren Stratosphäre mit hoher Geschwindigkeit über den Ort P hinweggeführt wird.

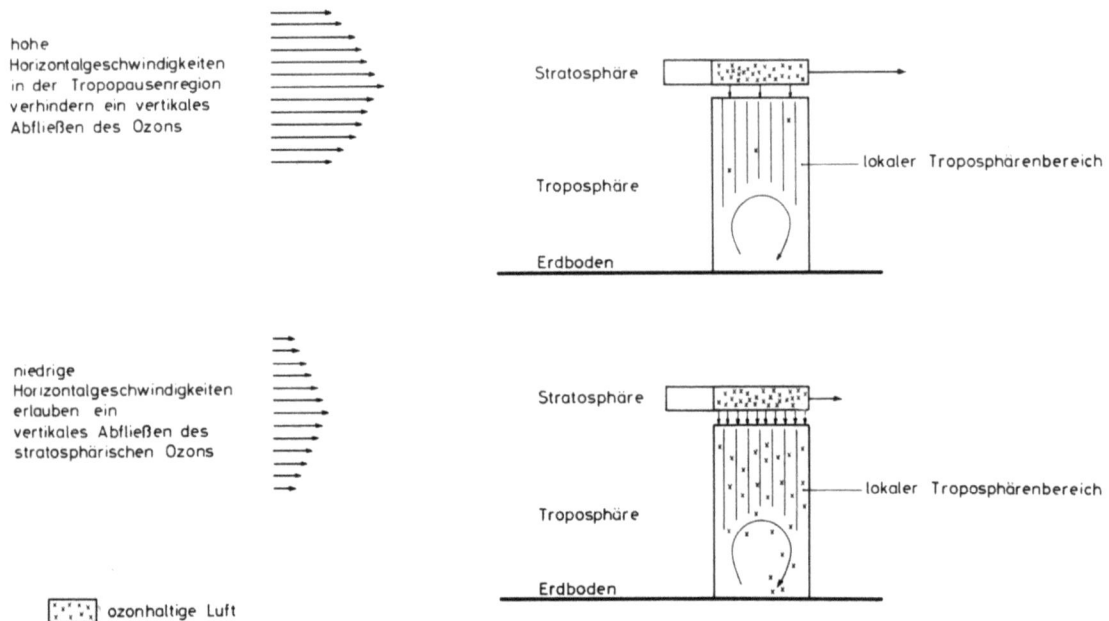

Abb. 18: Schemabild zum Einfluß der Windgeschwindigkeit im hochtroposphärischen Windmaximum auf die Zuflußrate des Ozons aus der unteren Stratosphäre in den lokalen Troposphärenbereich hinein.

Dagegen sollte bei geringeren Werten der Windstärke im Tropopausenbereich eine Zunahme des vertikalen Ozonflusses aufgrund von Diffusion und Massenaustausch möglich sein.

Die Arbeiten von MOSER [1949], FABIAN [1967] und HERING [1968] zeigen, daß die Voraussetzung für diesen Austauschmechanismus: die Existenz von Luftmassen mit stark unterschiedlichem Ozongehalt in der unteren Stratosphäre erfüllt ist.

Bei dem oben angegebenen einfachen Schemabild für den stratosphärisch-troposphärischen Ozonaustausch kann es sich nur um eine erste Näherung an die Wirklichkeit handeln.

Die Modell-Beschreibung befindet sich jedoch in guter Übereinstimmung mit den jüngsten Arbeiten über die Kinematik und Energetik für atmosphärische Vorgänge in mittleren Breiten.

Diese Arbeiten, die der Erklärung von Hoch- und Tiefdruckgebieten dienen, zeigen folgendes. Die stärksten Tief- und Hochdruckgebiete müßten sich infolge des laufend wirksamen Massentransportes in den bodennahen Luftschichten vom hohen zum tiefen Druck hin innerhalb etwa eineinhalb Tagen auflösen.

Die tatsächliche Lebensdauer von Tief- und Hochdruckgebieten über viele Tage und ihre Neubildung und Verstärkung ist nur dadurch zu verstehen, daß in einer Höhenregion der Atmosphäre Masse aus dem Tief weggeführt und dem Hoch zugeführt wird.

Diese Region, so zeigen die jüngsten Arbeiten, stellt die Schicht des sogenannten hochtroposphärischen Windmaximums in rund 10 Kilometern Höhe dar. Dabei handelt es sich um eine Schicht, in der die Winde im Mittel übergradientisch sind [FAUST 1953, 1968].

Weiter zeigte sich, daß sich die großräumigen Vertikalbewegungen in den Tief- und Hochdruckgebieten beim Durchschreiten dieser Schicht umkehren. Während unterhalb die Luft im Bereich eines Tiefs aufsteigt und im Hoch absinkt, ist es oberhalb genau umgekehrt. Man nennt deshalb diese Schicht "Nullschicht", in der sowohl im Bereich des Hochs wie des Tiefs die Vertikalbewegung Null ist [ATTMANNS-PACHER, 1958].

Die Ursachen für diese großen atmosphärischen Luftbewegungen sind mit Hilfe der energetischen Betrachtungen zu verstehen. Dabei gilt vereinfachend, daß das Tief mit seinen Luftmassen unterschiedlicher Temperatur als Energiespender, als "atmosphärischer Motor" wirkt, während das Hoch eine passive Rolle spielt und lediglich ein Produkt des Tiefs darstellt.

Es gilt mithin zusammenfassend: Im Tief ist in allen Höhenbereichen die Windstärke im Mittel größer als im Hoch. Gleichzeitig werden im Tief die Luftmassen in schraubenförmig aufsteigender Bewegung nach oben aus der Troposphäre in die Nullschicht verfrachtet. Von hier werden sie von den übergradientischen Winden nach außen vom "Tief weg" gepumpt.

Die Richtung dieser Strömungsvorgänge wirkt also im Falle großer Windgeschwindigkeit einem Fluß des Ozons aus der unteren Stratosphäre und der Nullschicht in den lokalen Troposphärenbereich entgegen.

Über einem troposphärischen Hoch kehren sich dagegen die Strömungsverhältnisse um. Geringere Windgeschwindigkeit in der Nullschicht, ein Ausfließen von Luftmassen aus der Nullschicht in die Troposphäre und ein gleichzeitiges Absinken dieser Luftmassen in der Troposphäre sind die charakteristischen Merkmale. Der Zufluß des Ozons in die Troposphäre wird also im Falle geringer Windgeschwindigkeit in der Nullschicht erleichtert.

3.2 Großräumige Variationen des troposphärischen Ozons

Das Kapitel 3.1 hatte die zeitlichen Variationen des troposphärischen Ozons und deren Ursachen an einem festen Ort zum Inhalt.

Im folgenden sollen die systematischen, großräumigen Variationen des troposphärischen Ozons während eines festen Zeitraumes untersucht werden.

Nach den Arbeiten von MOSER, NEWELL, FABIAN, die mit Hilfe von Wind- und Gesamtozon- bzw. Umkehrmessungen im Rahmen der Statistik eine vom Pol weggerichtete meridionale Transportkomponente des Ozons in der unteren Stratosphäre bestätigten, ist zu erwarten, daß die Ozon-Jahresgänge in der Troposphäre eine Abhängigkeit von diesen Transportvorgängen und einen Breiteneffekt zeigen.

Bei der folgenden Untersuchung sind die Ozonprofil-Messungen ausgewertet, welche mit Hilfe der bisher veröffentlichten amerikanischen Radiosondenaufstiege in den Jahren 1963 bis 1965 an 13 nordamerikanischen Stationen zwischen $9^{\circ}N$ und $76,5^{\circ}N$ erzielt wurden.

In diesem Zeitraum wurden von den Air Force Cambridge Research Laboratories pro Station ca. 150 Aufstiege durchgeführt [HERING und BORDEN, 1968].

3.2

In der Abb. 19 ist für die Stationen das mittlere Mischungsverhältnis Ozon/Luft zwischen 1 km und 9 km Höhe (Durchschnittswert von ca. 40 Aufstiegen) als Funktion der Jahreszeiten dargestellt.

Die systematischen Merkmale dieser jahreszeitlichen Ozonschwankungen an den Stationen in den unterschiedlichen Breiten werden im folgenden näher betrachtet.

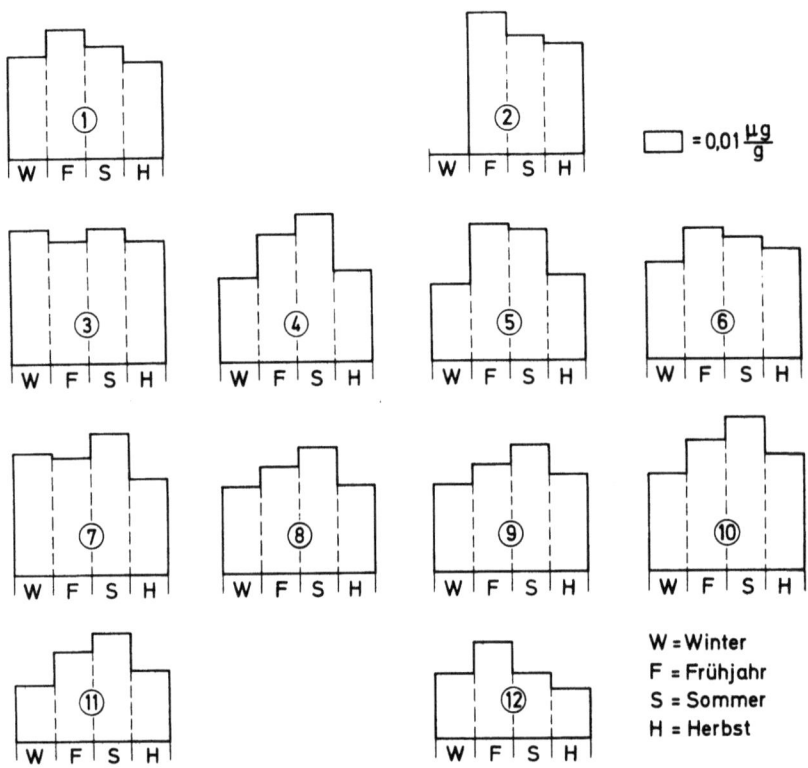

Abb. 19: Jahreszeitliche Schwankungen der troposphärischen Ozonkonzentration über Nordamerika [µg/g]. Auswertung der Ozon-Radiosondenaufstiege der Jahre 1963, 1964 und 1965.

① Thule	76,5°N	⑦ Bedford	42,5°N
② Alaska	64,8°N	⑧ Ft. Collins/Colorado	40,6°N
③ Fort Churchill	58,8°N	⑨ Albuquerque/New Mexico	35,0°N
④ Goose Bay	53,8°N	⑩ Tallahassee/Florida	30,4°N
⑤ Seattle Washington	47,4°N	⑪ Grand Turk	21,5°N
⑥ Green Bay	44,5°N	⑫ Albrook (Balboa)	9,0°N

3.21 Jahresmittelwerte der troposphärischen Ozonkonzentration als Funktion der geographischen Breite

Die Abb. 20 zeigt die Jahresmittel der troposphärischen Ozonkonzentration als Funktion der geographischen Breite.

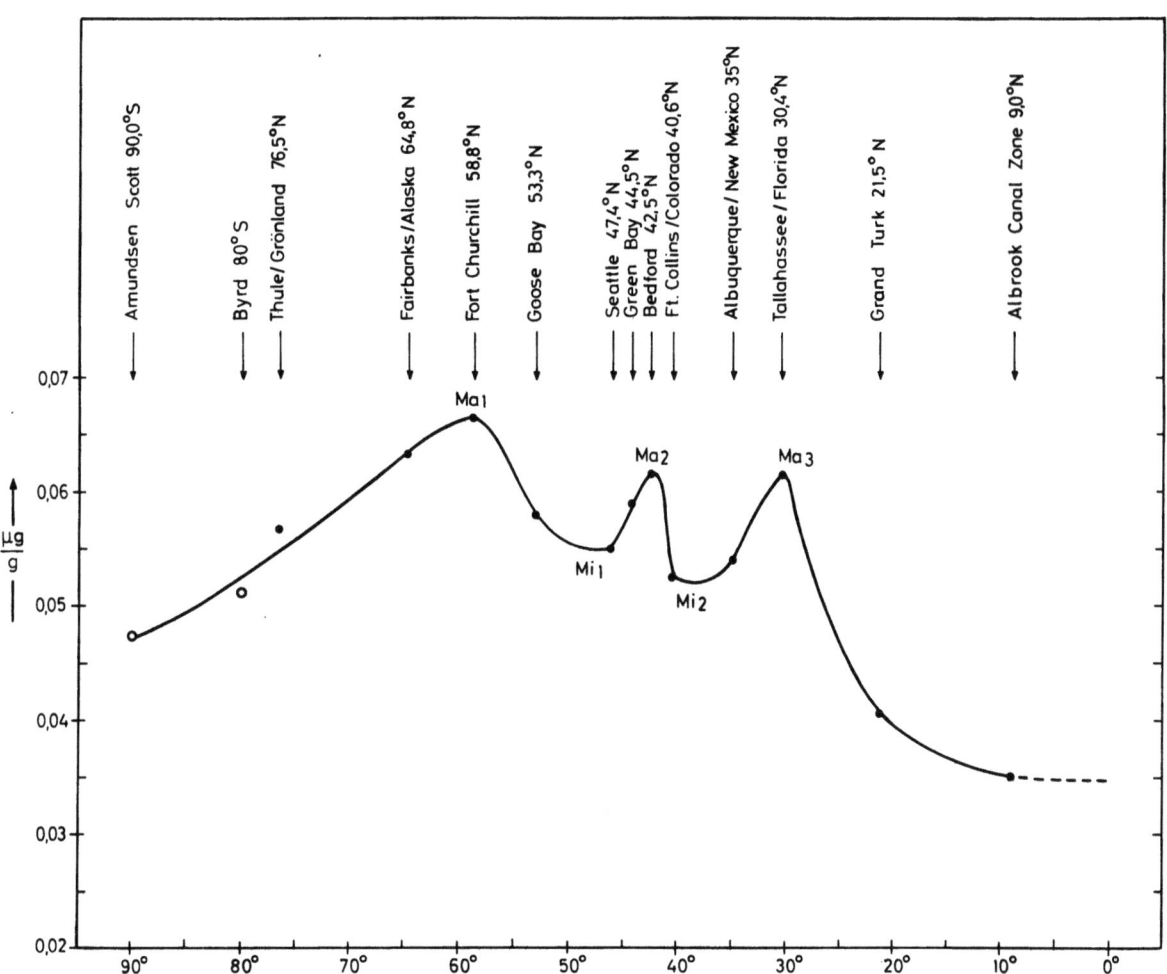

Abb. 20: Jahresmittelwerte der troposphärischen Ozonkonzentration [µg/g] als Funktion der geographischen Breite. Ozonwerte ermittelt aus den Ozonprofilen der amerikanischen Radiosondenaufstiege der Jahre 1963, 1964 und 1965.

Da die amerikanische Stationenkette auf der Nordhalbkugel nur bis Thule/Grönland: 76,5°N reicht, ist die Ozonverteilungskurve ergänzt durch zwei Jahresmittel aus höheren Breiten von der Südhalbkugel. Die zugehörigen Messungen (ca. 100 Ozonprofile pro Station) wurden von den ESSA Research Laboratories in den Jahren 1964 bis 1966 in Byrd 80°S und Amundsen-Scott 90°S ausgeführt [KOMHYR, 1968].

Aufgrund der Bildungs- und Transportvorgänge des Ozons in der Atmosphäre und wegen der Symmetrie beider Hemisphären ist anzunehmen, daß die Ozon-Jahresmittelwerte in hohen geographischen Breiten auf der Süd- und Nordhalbkugel annähernd gleich sind und deshalb die Ergänzung der Ozon-Verteilungskurve als statthaft anzusehen ist.

Die Ozon-Verteilungskurve weist bei 30°N, 42°N und bei 60°N drei ausgeprägte Maxima auf. Oberhalb von 60° nördlicher Breite zeigt die Kurve bis zum Pol eine relative Abnahme von ca. 25 %. Unterhalb von 30°N ist bis zum Äquator eine relative Abnahme des Ozon-Jahresmittels von ca. 40 % festzustellen.

In den geographischen Breiten bei 30°N und 60°N, in denen die maximalen Jahresmittel des troposphärischen Ozons vorliegen, befinden sich die Diskontinuitäten und Übergangszonen der Tropopause.

Bei ca. 30°N erfolgt der Übergang zwischen der hochliegenden tropischen Tropopause und der tiefer liegenden Tropopause der mittleren Breiten. Die Tropopause der mittleren Breiten im sogenannten Westwindband geht wiederum bei ca. 60°N in die abermals tiefer liegende polare Tropopause über.

In den Tropopausen-Übergangszonen bei ca. 30°N und 60°N erfolgt ein verstärkter Austausch zwischen stratosphärischer und troposphärischer Luft.

In der Troposphäre selbst reichen vom Äquator bis ca. 30°N und von 60°N bis zum Pol zwei meridionale Hadley-Zellen. Von diesen Meridionalzellen sorgen auf- bzw. absteigende Strömungen für verstärkte Vertikaltransporte bei 30°N bzw. 60°N, wodurch eine gründliche Durchmischung der troposphärischen Luft bewirkt wird.

Als Folge dieser beiden Faktoren ergeben sich in diesen Breiten die maximalen Jahresmittelwerte für das troposphärische Ozon gemäß Abb. 20.

Das mittlere Maximum bei ca. 42°N erscheint befremdlich. Auf einen tatsächlich vorhandenen vermehrten Zufluß aus der Stratosphäre in die Troposphäre zwischen 40°N und 45°N deutet jedoch ebenfalls die Verteilungskurve des Sr 90 - Fallout in der Nordhemisphäre hin [FABIAN, PALMER, LIBBY, 1968]. Auch diese Kurve zeigt bei ca. 30°N, bei ca. 45°N und bei ca. 60°N ihre Extremwerte.

Eine Erklärung für das Maximum in mittleren Breiten könnte eventuell in folgendem zu suchen sein. Auf der Nordhalbkugel sollte es in mittleren Breiten einen Bereich geben, in welchem sowohl in der Troposphäre als auch in der unteren Stratosphäre die Kalt- und die Warmluftmassen besonders häufig zusammentreffen. In dieser Zone würde mithin eine erhöhte Turbulenz vorliegen, wodurch ein stärkerer Austausch zwischen der Stratosphäre und der Troposphäre verständlich würde.

Eine endgültige Entscheidung darüber, ob das mittlere Maximum gemäß Abb. 20 reell ist oder aber durch die orographischen Unterschiede der einzelnen Stationen bewirkt wird, erscheint jedoch anhand des derzeitigen Meßmaterials noch nicht möglich.

3.22 Jahreszeitliche Verschiebung des troposphärischen Ozonmaximums auf der Nordhalbkugel

Bevor die Möglichkeiten für das Zustandekommen der Ozon-Verteilungskurve zwischen Pol und Äquator erörtert werden, sei die Abb. 21 betrachtet.

Dort sind die jahreszeitlichen Schwankungen der durchschnittlichen troposphärischen Ozonkonzentrationen über den verschiedenen Stationen in hohen, mittleren und niederen Breiten zu mittleren Jahresgängen zusammengefaßt. Ausgewertet wurden bei dieser Darstellung die Meßergebnisse von ca. 2000 Ozon-Radiosondenaufstiegen.

Während sich im Ozon-Jahresgang in hohen Breiten ein ausgeprägtes Frühjahrsmaximum zeigt, liegen in mittleren Breiten annähernd gleich hohe Konzentrationen im Frühjahr und Sommer vor mit einer leichten Verlagerung des Maximums zum Sommer hin.

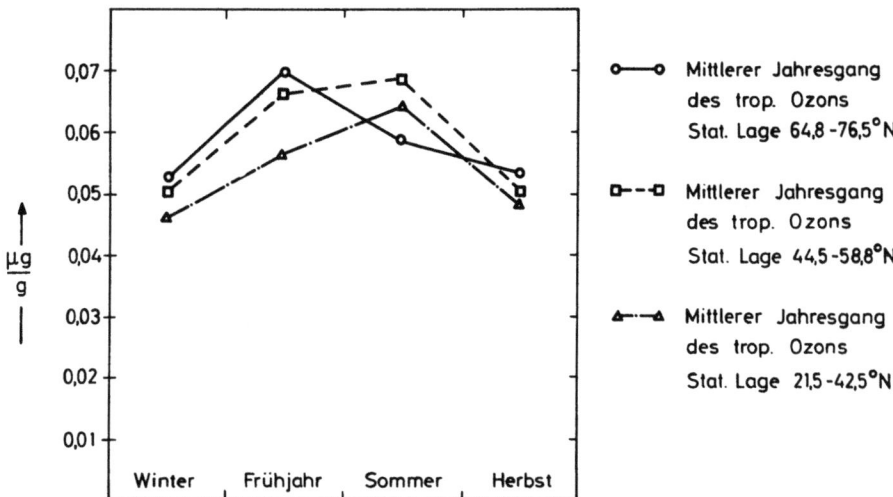

Abb. 21: Zeitliche Verschiebung des Jahresmaximums im Gang der troposphärischen Ozonkonzentration in hohen, mittleren und niederen Breiten. Auswertung der Meßergebnisse von ca. 2000 Ozon-Radiosondenaufstiegen über Nordamerika.

In niederen Breiten verschiebt sich das Maximum schließlich eindeutig zum Sommer, wobei ein fast gleichmäßiger Anstieg vom Winter zum Sommer festzustellen ist.

3.23 Die großräumigen Ozonvariationen in der Troposphäre als Folge des globalen Ozonkreislaufs in der Stratosphäre

Als Ursache für die großräumige Ozonverteilung gemäß Abb. 20 und die jahreszeitliche Verschiebung des Jahresmaximums beim Vergleich von hohen und niederen Breiten gemäß Abb. 21 ist der globale stratosphärische Ozonkreislauf anzusehen.

Das Quellgebiet für das troposphärische Ozon ist die untere Stratosphäre zwischen 100 mb und 250 mb. Dieser Bereich befindet sich in hohen Breiten während des ganzen Jahres im Massenaustausch mit der höheren Stratosphäre um 50 mb.

Im Spätwinter, wenn in hohen Breiten das Gesamtozon aufgrund des Äquator-Pol-Transportes im 50 mb-Bereich maximale Werte annimmt, setzt ein verstärkter Ozon-Transport aus den Schichten um 50 mb in die untere Stratosphäre um 200 mb ein.

Dieser Ozon-Vertikaltransport füllt die unteren Stratosphärenschichten, das Quellgebiet für die Troposphäre, mit Ozon auf. Als Folge davon besorgt wiederum der kontinuierlich wirksame stratosphärisch-troposphärische Massenaustausch einen Anstieg der troposphärischen Ozonkonzentration vom Winter zum Frühjahr hin.

In der unteren Stratosphäre oberhalb der Tropopause herrschen auf der Nordhalbkugel zwischen $30°N$ und $70°N$ Winde aus West vor mit einer mittleren Geschwindigkeit von ca. 15 m/sec. Die vorherrschende Westwindlage bedingt einen kräftigen West-Ost-Transport, welcher für einen Ausgleich der atmosphärischen Verhältnisse parallel zu einem Breitenkreis sorgt.

Gleichzeitig ist im Rahmen der Statistik ein Nord-Süd-Transport feststellbar [MOSER, 1949; FABIAN, 1967].

Die jahreszeitliche Maximum-Verschiebung im Ozon-Jahresgang in der Troposphäre gemäß Abb. 21 kann nun als Maß für die Abschätzung der Geschwindigkeit dieser Nord-Süd-Drift in der unteren Stratosphäre dienen. Eine solche grobe Abschätzung kann wie folgt vorgenommen werden.

Für die räumliche Entfernung zwischen $60°N$ und $30°N$ sind ca. 3300 km anzusetzen, und als Zeitspanne, die für den Ozon-Rücktransport zwischen $60°N$ und $30°N$ benötigt wird, können 3 Monate oder 90 Tage gerechnet werden. Man erhält mit diesen Werten eine Driftkomponente in Nord-Süd-Richtung in der Größenordnung von ca. 40 km/Tag.

Ein Vergleich dieser mittleren Driftgeschwindigkeit mit der mittleren West-Ost-Geschwindigkeit von ca. 1200 km pro Tag liefert ein Verhältnis von 1 : 30, woraus deutlich wird, daß die effektive meridionale Transport-Komponente relativ sehr schwach sein muß.

Auf dem Wege von hohen bis in niedere Breiten müssen die Luftmassen der unteren Stratosphäre aufgrund des stratosphärisch-troposphärischen Massenaustausches ozonärmer werden.

Es ist daher verständlich, daß die Ozon-Jahresmittel der Troposphäre in niederen Breiten gemäß Abb. 20 geringer ausfallen als in hohen Breiten.

Für den Ozontransport-Mechanismus findet sich eine weitere Bestätigung, wenn man die Herbstwerte in den unterschiedlichen geographischen Breiten betrachtet (Abb. 21). In hohen Breiten wird auch zum Herbst hin durch den Massenaustausch innerhalb der Stratosphäre noch soviel Ozon in die untere Stratosphäre transportiert, daß von dort die Abflußrate in die Troposphäre für relativ hohe Herbstwerte des troposphärischen Ozons sorgt, so daß der Abfall des Ozons vom Sommer zum Herbst hin nur geringfügig ist.

Für den Weitertransport bis in mittlere oder gar niedere Breiten reicht jedoch das Ozonreservoir nicht mehr aus. Dieser Mangel macht sich in der Troposphäre der mittleren Breiten in der relativ starken Ozon-Abnahme (s. Abb. 19 und Abb. 21) vom Sommer zum Herbst und Winter hin bemerkbar.

Der oben erläuterte Nord-Süd-Transport des Ozons in der unteren Stratosphäre kann nur bis ca. $30°N$ voll wirksam sein.

In dem Breitenbereich um $30°N$ hebt nämlich die Tropopausen-Diskontinuität die in mittleren Breiten vorliegende stärkere Trennung der Luftmassen der unteren Stratosphäre und der oberen Troposphäre auf.

Entsprechend setzt zwischen diesen Schichten ein erhöhter Massenaustausch ein, welcher einen Abtransport des Ozons in die Troposphäre bewirkt, von wo es bald in Bodennähe gelangt und zerstört wird. Es werden also nur noch schwache Ausläufer von dem in der unteren Stratosphäre von Nord nach Süd gerichteten Ozon-Transport über den Tropopausenbruch hinaus äquatorwärts gelangen.

Die Bestätigung für diese Hypothese geht einmal aus Abb. 20 mit dem exponentiellen Abfall des Ozon-Jahresmittels zwischen $30°N$ geographischer Breite und dem Äquator hervor und zeigt sich zum anderen darin, daß die Station Grand Turk $21,5°N$ (also südlich des Tropopausenbruchs) gemäß Abb. 19 den typischen Ozon-Jahresgang der Stationen in niederen Breiten nur mit stark vermindertem Absolutbetrag zeigt.

Noch weiter südlich sind die Auswirkungen des Ozon-Rücktransportes in der Troposphäre überhaupt nicht mehr festzustellen. Dies geht aus der Abb. 22 hervor, welche einen Vergleich des mittleren Ozon-Jahresganges an der Station Albrook (Balboa) $9°N$ mit dem mittleren Jahresgang aller Stationen zwischen $21,5°N$ und $42,5°N$ wiedergibt.

Während an den anderen Stationen zwischen 21,5°N und 42,5°N gemäß Abb. 19 ein gut ausgeprägtes Sommermaximum vorliegt, fehlt dieses an der Station Albrook (Balboa) völlig.

Vom Frühjahr an erfolgt vielmehr in Albrook (Balboa) gemäß Abb. 22 ein starker Abfall des Ozons zum Sommer und Herbst hin. Das Fehlen des Sommermaximums kann dabei als deutlicher Hinweis dafür gewertet werden, daß der rückläufige Ozon-Transport die Äquatorzone nicht mehr erreicht.

Der steile Abfall im Jahresgang der durchschnittlichen troposphärischen Ozonkonzentration über Albrook (Balboa) 9°N vom Frühjahr zum Sommer kommt vor allem durch die Ausbildung einer interhemisphären Zirkulationszelle innerhalb der Troposphäre zustande.

Innerhalb dieser Zelle werden im Sommer (Juli/August) Luftmassen aus der Nordhemisphäre bis ca. 15°N in den Schichten der oberen Troposphäre in die Südhemisphäre verfrachtet. Der Rücktransport von der Süd- zur Nordhalbkugel findet in den bodennahen Luftschichten statt [NEWELL, 1969].

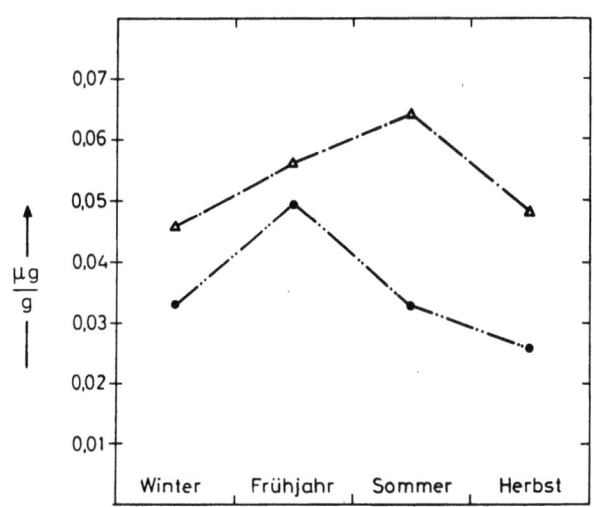

Abb. 22: Vergleich der mittleren Jahresgänge troposphärischen Ozons in niederen Breiten und in der Äquatorzone (Ozon-Radiosondenaufstiege 1963 - 1965). Die obere Kurve gibt den mittleren Verlauf von 5 Stationen in niederen Breiten zwischen 21,5°N und 42,5°N an. Die untere Kurve gibt den mittleren Verlauf an einer Station in der Äquatorzone an: Albrook (Balboa).

Es ist verständlich, daß aufgrund dieser interhemisphärischen Zirkulationszelle innerhalb der Äquatorzone ein Abtransport des Ozons aus der Nord- in die Südhemisphäre stattfindet. Die untere Troposphäre wird in der Nordhemisphäre von den Schichten, die eine Ozonnachlieferung besorgen, abgeschnitten und als Folge stellt sich der starke Abfall der durchschnittlichen troposphärischen Ozonkonzentration vom Frühjahr zum Sommer ein.

Auffällig sind weiterhin die zu allen Jahreszeiten geringen Ozonkonzentrationen in der Äquatorzone.

Eine Reihe von Radiosondenaufstiegen haben gezeigt, daß die Ozon-Verteilung längs der Höhe in der Äquatorzone fast ausschließlich durch die Photochemie bestimmt wird und für die vertikale Ozon-Verteilung Transportvorgänge nur von geringer Bedeutung sind. Es findet sich entsprechend ein scharf ausgeprägtes Ozonmaximum zwischen ca. 25 und 30 km Höhe und eine starke Ozonabnahme von diesen Schichten bis zur Tropopause in ca. 17 km Höhe.

Eine Folge davon ist, daß für den stratosphärisch-troposphärischen Massenaustausch zu allen Jahreszeiten nur ein bescheidenes Ozonreservoir in der unteren Stratosphäre zur Verfügung steht, so daß das troposphärische Ozon, wie Abb. 22 zeigt, während des ganzen Jahres geringe Konzentrationen annimmt.

Zusammenfassung

In der vorliegenden Arbeit wird im ersten Teil ein Gerät beschrieben, mit dem eine automatische Dauerregistrierung bodennahen Ozons ermöglicht wird.

Das bekannte Depolarisationsverfahren wurde in der Arbeit derart modifiziert, daß die Anode und die Kathode räumlich getrennt sind und daß das anodisch gebildete Jod durch einen kontinuierlichen Zufluß an KJ-Lösung ständig entfernt wird.

Der Oxydationsprozeß, d.h. die Reaktion zwischen der ozonhaltigen Luft und der 2%-igen KJ-Lösung, und der Meßprozeß wurden damit zu einem kontinuierlichen Verfahren vereint. Es wird dabei ein Strom registriert, welcher unmittelbar in einem festen Verhältnis zu der pro Sekunde mit der Luft zugeführten Ozonmenge steht.

Die Eichung des Gerätes nach zwei verschiedenen und unabhängigen Verfahren bestätigt die theoretisch erwarteten Werte.

Mehrmonatige Dauerregistrierungen an 6 verschiedenen in- und ausländischen Observatorien stellen die Tauglichkeit des Gerätes unter Beweis.

Die bei diesen Registrierungen erzielten Meßergebnisse werden diskutiert. Das besondere Interesse der Untersuchung gilt dabei den Tagesmaxima des bodennahen Ozons und ihrer Eignung als Maß für den zeitlich veränderlichen Ozongehalt der freien Troposphäre.

Eine Korrelationsrechnung zwischen den Tagesmaxima des bodennahen Ozons und den zugehörigen mittleren Werten des Ozons der freien Troposphäre zeigt für einen festen Ort, daß das Tagesmaximum des bodennahen Ozons im statistischen Mittel den Durchschnittswert des troposphärischen Ozons gut repräsentiert.

Im zweiten Teil der Arbeit werden mit Hilfe der Meßergebnisse von ca. 2500 Ozon-Radiosondenaufstiegen über Nordamerika und Europa zeitliche und großräumige Variationen des mittleren troposphärischen Ozongehaltes in der Nordhemisphäre untersucht.

Die statistische Bearbeitung dieses Meßmaterials zeigt, daß die zeitlichen Änderungen des troposphärischen Ozons während längerer Zeiträume an einem festen Ort in mittleren Breiten als Funktion der Tropopausen-Durchlässigkeit gedeutet werden können.

Ein antiparalleler Gang zwischen den Monatsmitteln des troposphärischen Ozons und der Windgeschwindigkeit in der Tropopausenregion zeigt, daß die Durchlässigkeit der Tropopause für den stratosphärisch-troposphärischen Massenaustausch charakterisiert ist durch die Skalarwind-Geschwindigkeit in der Schicht des hochtroposphärischen Windmaximums, in der sogenannten Nullschicht.

Bei der Untersuchung der großräumigen Variationen des troposphärischen Ozons in der Nordhemisphäre zeigt sich, daß die maximalen Jahresmittelwerte des troposphärischen Ozons bei ca. $30°$, bei ca. $42°$ und bei ca. $60°$ nördlicher Breite liegen.

Die beiden Extremwerte bei $30°N$ und $60°N$ sind verständlich, da sie in den geographischen Zonen auftreten, in denen die Tropopause ihre Diskontinuitäten aufweist. Die für das mittlere Maximum bei ca. $42°N$ gegebene Deutung erscheint dagegen weniger gesichert.

In der Äquatorzone wie auch in den polaren Breiten fallen die Jahresmittel des troposphärischen Ozons gegenüber den Werten in mittleren Breiten jeweils stark ab.

Im Jahresgang der mittleren troposphärischen Ozonkonzentration ist schließlich eine zeitliche Verschiebung des Maximums vom Frühjahr auf den Sommer von hohen nach niederen Breiten hin festzustellen.

Die charakteristischen Merkmale der großräumigen Ozonvariationen in der Troposphäre werden zum Abschluß der vorliegenden Arbeit mit Hilfe des globalen Ozonkreislaufs in der Stratosphäre gedeutet.

Summary

The first part of this paper deals with the description of an instrument which enables an automatically permanent record of the local atmospheric ozone concentrations.

The well-known process of depolarisation has been modified in that way, that the anode and the cathode are separated so that the iodine formed by the anode is continuously removed by a slow stream of solution of potassium iodide.

Thus, the oxidation process, i.e. the reaction between the air containing ozone and the solution of potassium iodide, and the measuring process have been combined into one permanent process. An electric current is recorded that has a fix relation to the amount of ozone brought in with the air.

The calibration of the instrument according to two different and independent methods confirms the values which had been theoretically assumed.

Permanent records during several months at six different foreign and home observatories prove the ability of the instrument. The results of the measurements obtained by these records are discussed. Of particular interest was to prove the question, whether the daily maximum value of the local atmospheric ozone concentration can be considered representative for the temporally variable ozone content of the free troposphere.

The results show for one middle latitude station that the statistical means of the daily maximum values of the local atmospheric ozone concentrations represent the average values of the tropospheric ozone very well.

In the second part of this paper, variations with season and latitude of the average tropospheric ozone content of the northern hemisphere are examined with help of about 2500 radiosonde soundings over North America and Europe.

Statistical computations of these data prove for a middle latitude station that the monthly variation of the tropospheric ozone can be explained as a function of the permeability of the tropopause. Between the monthly mean values of the tropospheric ozone and the wind velocity in the tropopause region a pronounced correlation with negative coefficient is found, which suggests that the permeability of the tropopause for the stratospheric-tropospheric mass exchange is characterized by the velocity of the scalar-wind in the region of the high-tropospheric wind maximum, i.e. in the so-called null layer.

When examining the large scale variations of the tropospheric ozone in the northern hemisphere, the maximum values of the annual means of tropospheric ozone are found at about $30°$, at about $42°$, and at about $60°$ latitude.

The two extreme values at 30° and 60° latitude are understandable because they appear in those geographic zones, where the tropopause presents its discontinuities. The explanation of the maximum at about 42° latitude, however, seems to be less certain. In the equator region as well as in polar latitudes, the annual mean values of the tropospheric ozone decrease considerably towards the equator and the pole, respectively.

The maximum of the annual variation of the middle tropospheric ozone concentration occurs in spring at high latitudes and in summer at lower latitudes.

The characteristic features of large scale variations in the troposphere are explained at the end of this paper with help of the global ozone circulation in the stratosphere.

Für die Übertragung dieser Arbeit und zahlreiche wertvolle Ratschläge und Impulse bei ihrer Durchführung danke ich meinem verehrten Lehrer, Herrn Prof. Dr. A. Ehmert, herzlich. Seine reiche Erfahrung war entscheidend für das Gelingen des experimentellen Teils der Arbeit.

Die technische Ausführung des Gerätes vollzog sich in fruchtbarer Zusammenarbeit mit den Meistern der Werkstatt, Herrn W. Kiefert und Herrn A. Fröhlich, denen ich an dieser Stelle meinen Dank sagen möchte.

Meinen Institutskollegen Herrn Dr. P. Fabian, Herrn Dipl.-Phys. A. Zand und Herrn Dipl.-Phys. K. Richter danke ich für eine Reihe von lebhaften Diskussionen und für kameradschaftliche Hilfe beim Aufbau der Meßanlagen.

Für ein großzügiges Entgegenkommen und ein lebhaftes Interesse beim Aufbau unserer Meßanlagen an den verschiedenen Observatorien danke ich den Direktoren und Leitern:

    Herrn Reg. Dir. Dr. W. Attmannspacher
    Herrn Prof. Dr. H. U. Dütsch
    Herrn Prof. Dr. E. Eriksson
    Herrn Dipl.-Met. O. Pahl
    Herrn Dr. R. Reiter
    Herrn Dr. D. Stranz

Für wichtige Hinweise zur Erleichterung der Gerätebedienung möchte ich besonders Herrn F. Damm in Hohenpeißenberg und Herrn D. Koenen in Norderney danken.

Literaturverzeichnis

ALDAZ, L.: Flux measurements of atmospheric ozone over land and water. - Symposium sur l'ozone atmosphérique, Monaco, 1968.

ATTMANNSPACHER, W.: Erdboden und Ozonobergrenze als energieliefernde Schichten. - Raketenbrief (Z. d. "Deutschen Raketengesellschaft", Bremen) $\underline{6}$, 8, 1958.

ATTMANNSPACHER, W.: Extreme der horizontalen Windgeschwindigkeit und Vertikalwind. - Met. R. $\underline{12}$, 112, 1959.

ATTMANNSPACHER, W.: Sonderbeobachtungen des Meteorolog. Observatoriums, Hohenpeißenberg Nr. 1, 1968, und Ergebnisse der Jahre 1967-1968.

BJERKNES, V.: Dynamische Meteorologie und Hydrographie. - Braunschweig 1912.

BREWER, A.W. und J.R. MILFORD: The Oxford-Kew Ozonsonde. - Proc. Roy. Soc. A, 256, 470, 1960.

BREWER, A.W. und A.W. WILSON: The regions of formation of atmospheric ozone. - Quart. Journal of Roy. Met. Soc. $\underline{94}$, 249, 1968.

BOJKOV, R.D.: Planetary features of the total and vertical ozone distribution during IQSY. - (NCAR) Boulder/Col., 1967.

CHAPMAN, S.: On ozone and atomic oxygen in the upper atmosphere. - Phil. Mag. (7) 10.345, 1930.

DEFANT, A. und Fr. DEFANT: Physikalische Dynamik der Atmosphäre. - Frankfurt, 1958.

DÜTSCH, H.U.: Photochemische Theorie des atmosphärischen Ozons unter Berücksichtigung von Nichtgleichgewichtszuständen und Luftbewegungen. - Doctoral Thesis, Zürich 1946.

DÜTSCH, H.U.: Vertical ozone distributions over Arosa from three years routine observations of the Umkehr effect. - Lichtklimat. Observatorium Arosa, 1959.

DÜTSCH, H.U.: Mittelwerte und wetterhafte Schwankungen des atmosphärischen Ozongehaltes in verschiedenen Höhen über Arosa. - Arch. Meteorol. Geophys. Bioklimatol. Serie A, $\underline{13}$, 167, 1962.

DÜTSCH, H.U.: Vertical ozone distribution over Arosa. - Technical Report No. 2, NCAR, Boulder/Col., 1964.

DÜTSCH, H.U.: World wide ozone distribution at different levels and variation with season from "Umkehr" observations. - (NCAR) Boulder/Col., 1964.

DÜTSCH, H.U.: Two years of regular ozone soundings over Boulder/Col. - (NCAR technical notes), Boulder/Col., 1966.

DÜTSCH, H.U.: The photochemistry of stratospheric ozone. - Quart. Journ. of Roy. Met. Soc. $\underline{94}$, 433, 1968.

DÜTSCH, H.U. und D. FAVARGES: Meridional ozone transport by transient eddies over Boulder/Col. - Symposium l'ozone atmosphérique, Monaco, 1968.

DÜTSCH, H.U.: Results on vertical ozone distribution from measurements with different methods. - Symposium on atmospheric trace constituents and atmospheric circulation, Heidelberg, 1969.

EHMERT, A.: Über das troposphärische Ozon. - Vortrag: Sondertagung "Ozon", Tharandt 1944, Ber. d. dtsch. Wetterdienst. d. US-Zone, Nr. 11, 63, 1949.

EHMERT, A. und H. EHMERT: Über den Tagesgang des bodennahen Ozons. - Vortrag: Sondertagung "Ozon", Tharandt 1944, Ber. d. dtsch. Wetterdienst. d. US-Zone, Nr. 11, 58, 1949.

EHMERT, A.: Ein einfaches Verfahren zur Messung kleinster Jod- und Natriumthiosulfatmengen in Lösungen. - Z. Naturforschung $\underline{4b}$, 321, 1949.

EHMERT, A.: Ein einfaches Verfahren zur absoluten Messung des Ozongehaltes von Luft. - Meteorol. Rdsch. $\underline{4}$, 64, 1951.

EHMERT, A.: Gleichzeitige Messungen des Ozongehaltes erdnaher Luft an mehreren Stationen mit einem einfachen Verfahren. - J. Atmosph. a. Terr. Phys. $\underline{2}$, 189, 1952.

FABIAN, P.: Über eine neue Ozonradiosonde und Untersuchung von Lufttransporten in der unteren Stratosphäre. - Mitt. a. d. MPI f. Aeronomie, Nr. 28, 1967.

FABIAN, P.: Eine Abschätzung der räumlichen Ausdehnung einheitlicher Luftpakete in der unteren Stratosphäre aus Gesamtozonmessungen an 10 europäischen Stationen. - Archiv f. Meteorologie, Geophysik und Bioklimatologie, Serie A, $\underline{16}$, 314, 1967.

FABIAN, P., W.F. LIBBY und C.E. PALMER: Stratospheric residence time and interhemispheric mixing of strontium 90 from fallout in rain. - J. Geophys. Res. $\underline{73}$, 3611, 1968.

FAUST, H.: Die Nullschicht, der Sitz des troposphärischen Windmaximums. - Met. R. $\underline{6}$, 6, 1953.

FAUST, H.: Der Aufbau der Erdatmosphäre. - Braunschweig 1968.

GLÜCKAUF, E., H.G. HEAL, G.R. MARTIN und F. PANETH: Journ. Chem. s.c. p 1 1944.

HERING, W.S. und T.R. BORDEN jr.: Mean distributions of ozone density over North America 1963 - 1964. - Air Force Cambridge Research Laboratories AFCRL - 65 913 No. 162, Bedf. Mass., 1965.

HERING, W.S. und T.R. BORDEN jr.: Ozone sonde observations over North America, Volume 1 - 4, Air Force Cambridge Research Laboratories, AFCRL, Bedf. Mass., 1967.

HERING, W.S.: Ozone potential temperature and atmospheric transport processes. - Symposium sur l'ozone atmosphérique Monaco, 1968.

JUNGE, C.E.: Global ozone budget and exchange between stratosphere and troposphere. - Tellus $\underline{14}$, 363, 1962.

JUNGE, C.E.: Air chemistry and radioactivity, Chapt. 1, 4 Ozone, pp 37, New York - London, 1963.

JUNGE, C.E. und G. CZEPLAK: Some aspects of the seasonal variation of carbon dioxide and ozone. - Tellus $\underline{20}$, 422, 1968.

KOMHYR, W.D. und R.D. GRASS: Ozone sonde observations 1962 - 1966. - ESSA Technical Report ERL 80, Vol. 1 - 2, Boulder/Col., 1968.

KOMHYR, W.D.: A carbon-iodine ozone sensor for atmospheric soundings. - In "Atm. Ozone Symposium, Albuquerque, New Mexico".

MOSER, H.: Ozon und Wetterlage. - Ber. d. dtsch. Wetterdienst. d. US-Zone Nr. 11, 28, 1949.

NEWELL, R.E.: Transfer through the tropopause and within the stratosphere. - Quart. Journ. of Roy. Meteorol. Sc. $\underline{89}$, 167, 1963.

NEWELL, R.E.: Interhemispheric and tropospheric - stratospheric exchange processes from recent general circulation studies. - Symposium on atmospheric trace constituents and atmospheric circulation, Heidelberg, 1969.

PAETZOLD, H.K. und E. REGENER: Ozon in der Erdatmosphäre. - Handb. d. Physik XLV III, 370, 1957.

REGENER, E.: Ozonschicht und atmosphärische Turbulenz. - Forschungs- und Erfahrungsber. d. Reichswetterdienst. Nr. 19, 1941.

REGENER, V.H.: The vertical flux of atmospheric ozone. - Journ. Geophys. Res. $\underline{62}$, 221, 1957.

REGENER, V.H.:	Measurement of atmospheric ozone with the chemiluminescent method. - Journ. Geophys. Res. $\underline{69}$, 3795, 1964.
REGENER, V.H. und L. ALDAZ:	Turbulent transports near the ground as determined from measurements of the ozone flux and the ozone gradient. - Symposium sur l'ozone atmosphéric, Monaco, 1968.
SCHERHAG, R. und Mitarbeiter:	Ergebnisse der Aufstiege der Radiosondenstation Berlin-Tempelhof. Tägliche Meßresultate und klimatologische Werte, sowie Meßergebnisse von Spezialaufstiegen, Berlin 1966 - 1968.
WARMBT, W.:	Luftchemische Untersuchungen des bodennahen Ozons 1952 - 1961. Methoden und Ergebnisse. - Abh. Meteorol. Dienst d. DDR X, Nr. 72, 1964.
WARMBT, W.:	Ozonmessungen über der Meeresoberfläche im Nordatlantik und im Seegebiet von Westgrönland. - Z. Meteorol. $\underline{18}$, 151, 1966.

Advances in Chemistry Series, Ozone Chemistry and Technology, Americ. Chemical Society, Washington, 1959.

Medizin-Meteorol. Monatsbericht 1, Deutscher Wetterdienst, Med.-Meteorol. Forschungsstelle Tübingen, 1960 - 1966.

Meteorological Service of Canada, Ozone data for the world 1960 - 1968. - Dep. of Transport, Meteorol. Branch, Toronto 1964 - 1969.

World circulation in the stratosphere, mesosphere and lower thermosphere. - Technical note No. $\underline{70}$, Genf, 1965.

A.

Anhang

Abb. 23 - 40   Dauerregistrierungen des bodennahen Ozons.
                Aufgezeichnet sind die stündlichen Maximalwerte als
                Funktion der Zeit.

Abb. 41 - 49   Zeitlicher Verlauf der Tagesmaxima und der Tages-
                mittelwerte des bodennahen Ozons.

Abb. 50   Vergleich der Tagesmaxima bodennahen Ozons als
                Funktion der Zeit an drei verschiedenen Stationen.

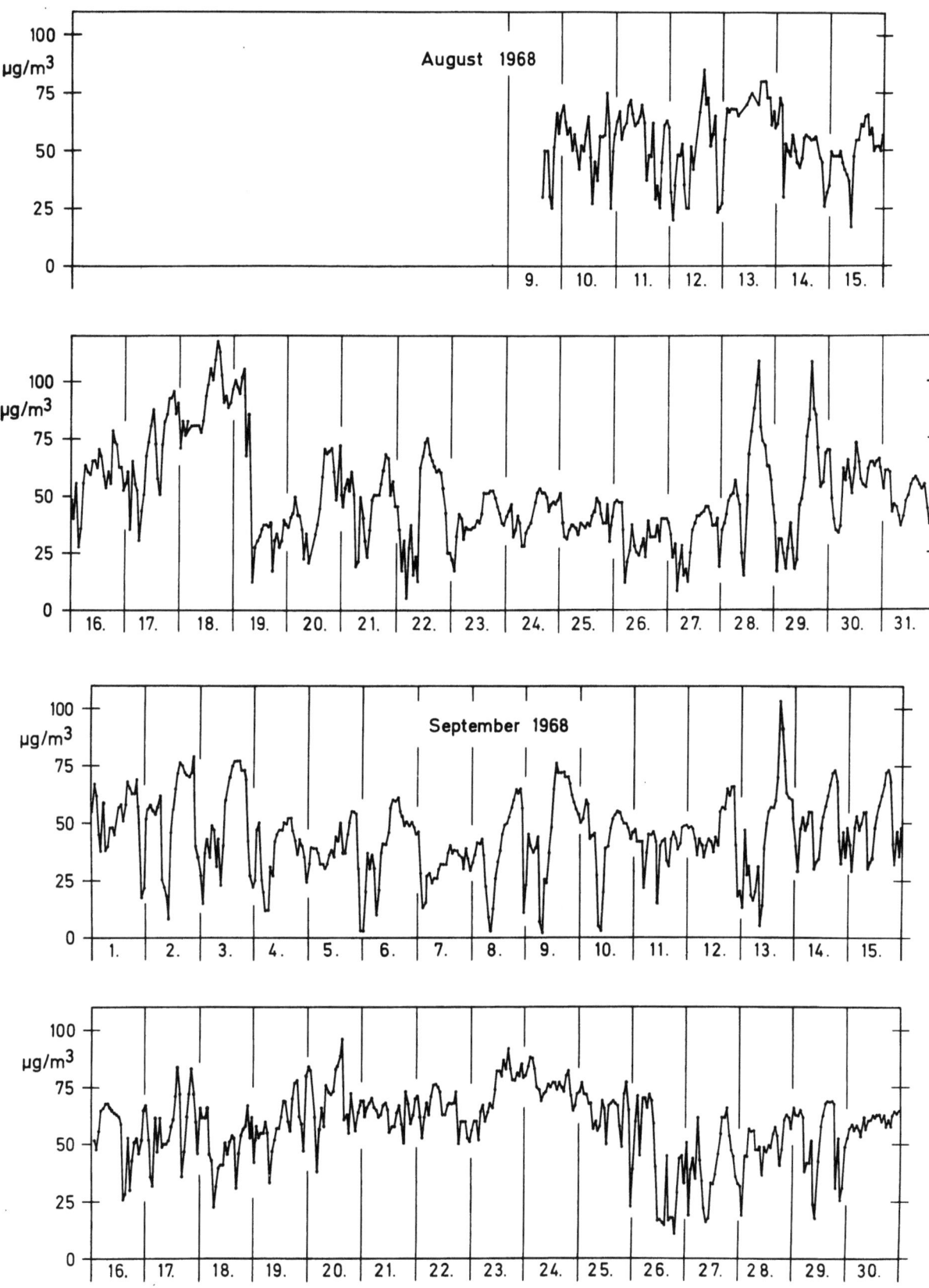

Abb. 23 und 24: Ozon-Registrierungen Hohenpeißenberg [1000 m ü. NN]

A.

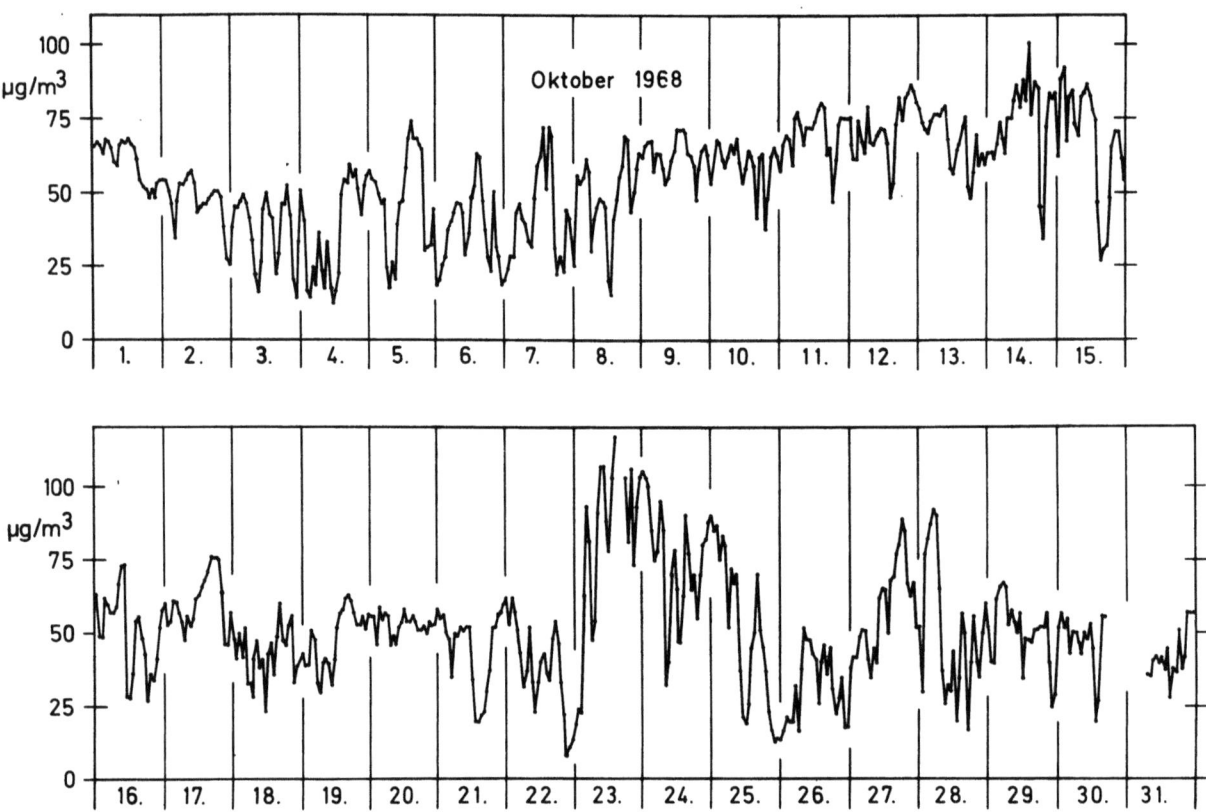

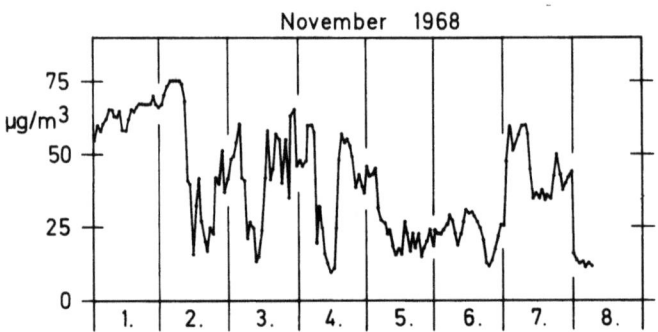

Abb. 25 und 26: Ozon-Registrierungen Hohenpeißenberg [1000 m ü. NN]

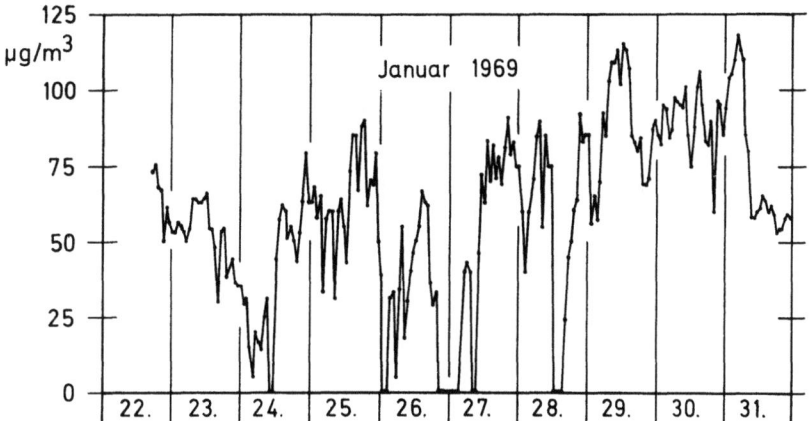

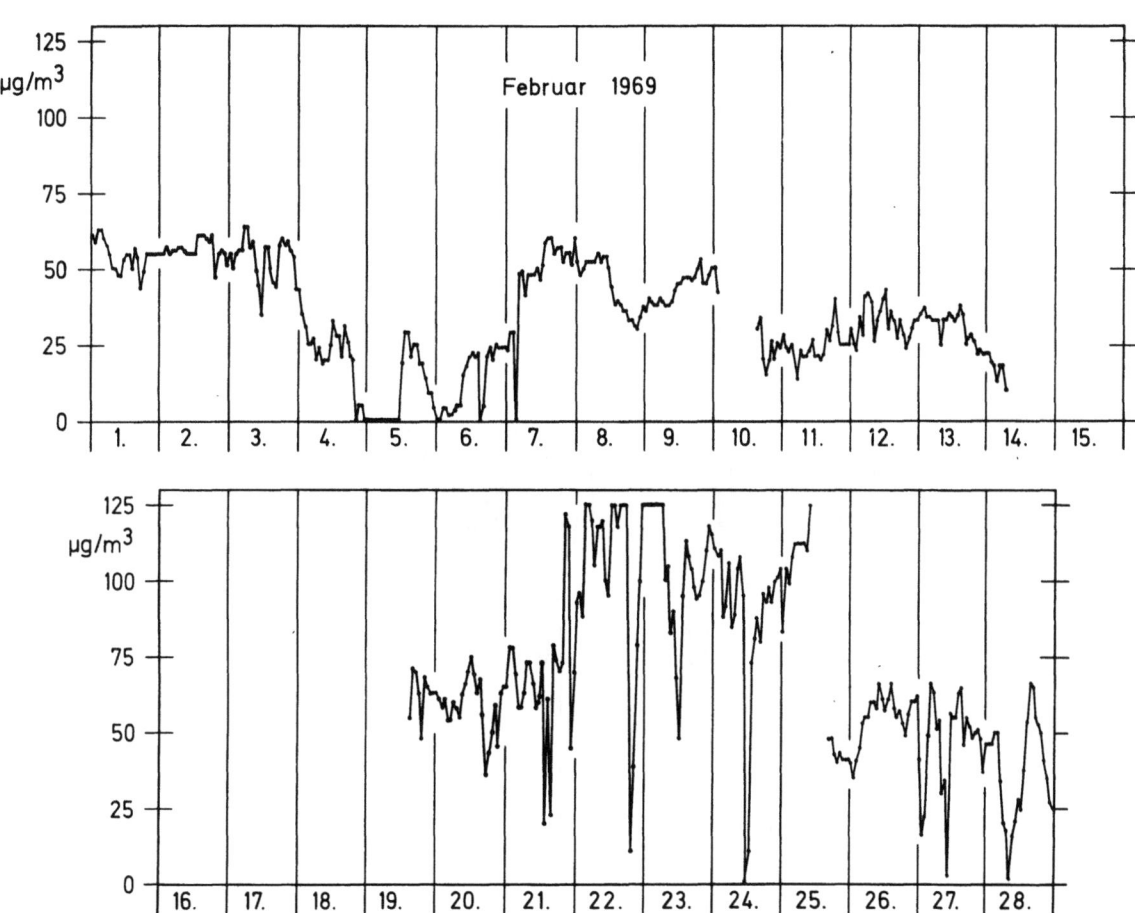

Abb. 27 und 28: Ozon-Registrierungen Hohenpeißenberg [1000 m ü. NN]

A.

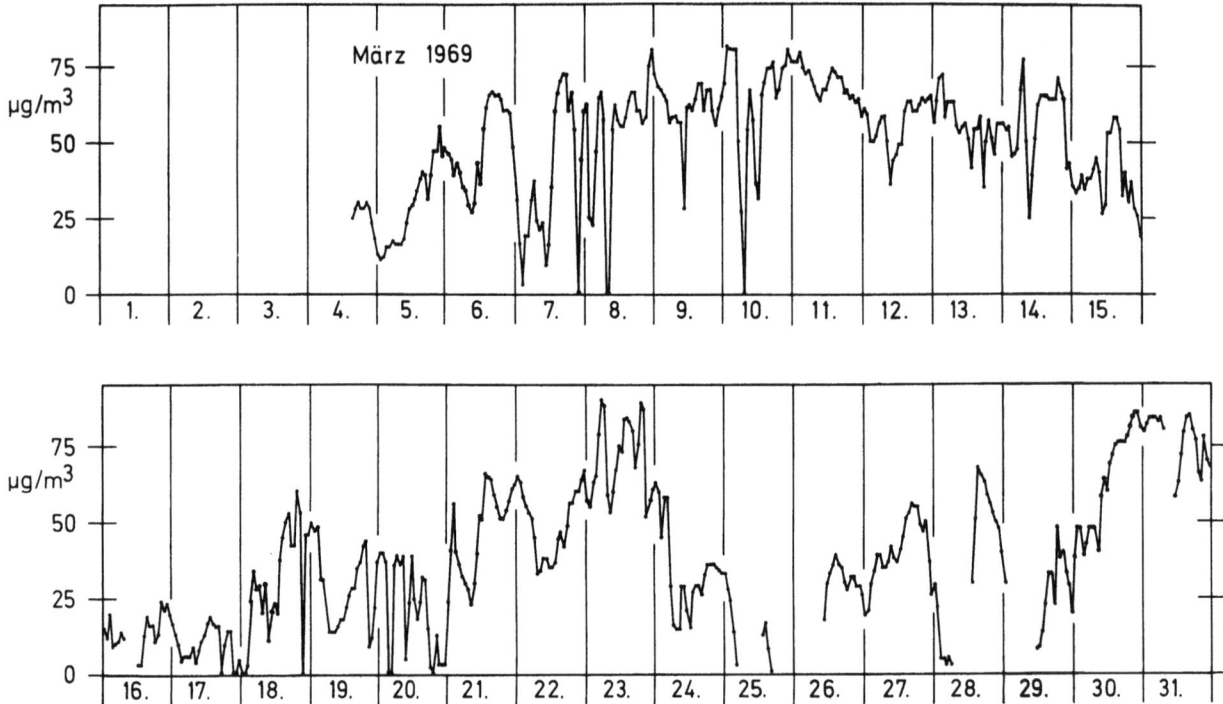

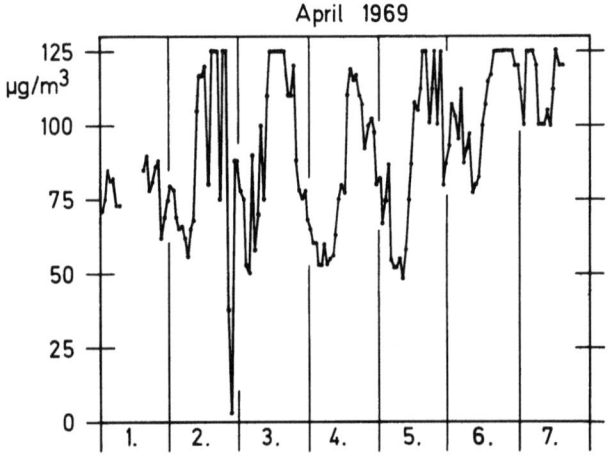

Abb. 29 und 30: Ozon-Registrierungen Hohenpeißenberg [1000 m ü. NN]

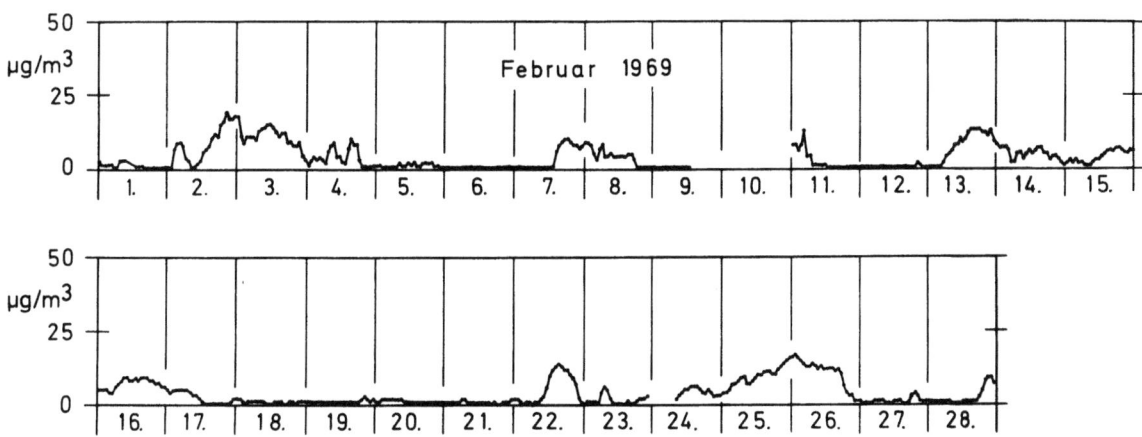

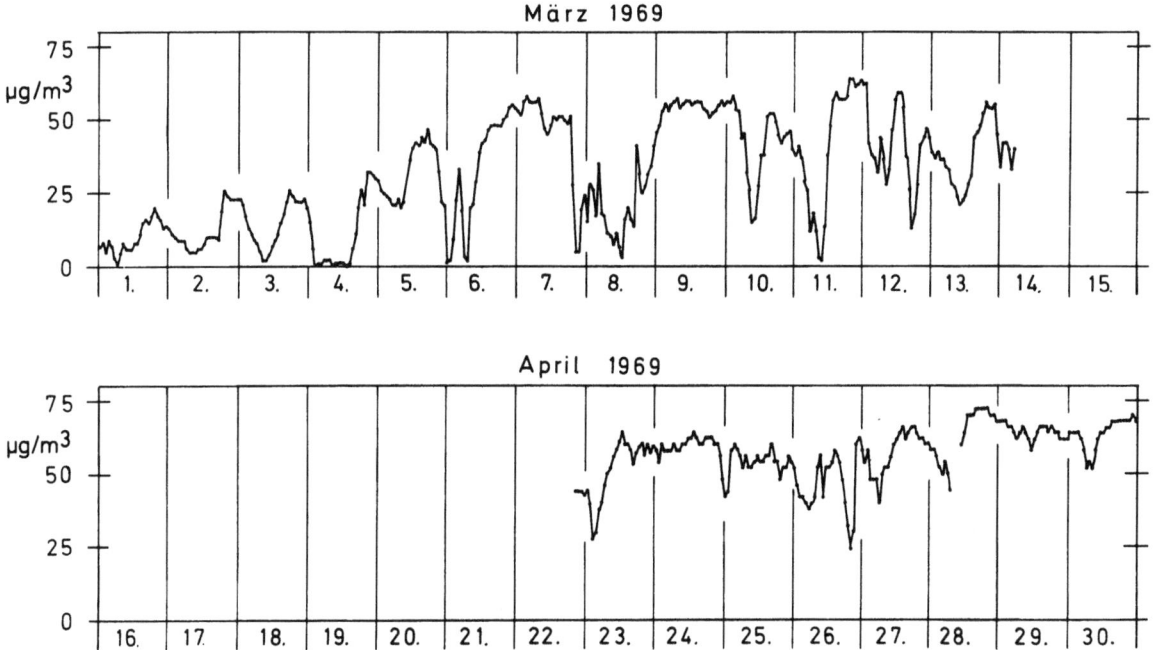

Abb. 31 und 32: Ozon-Registrierungen Norderney

A.

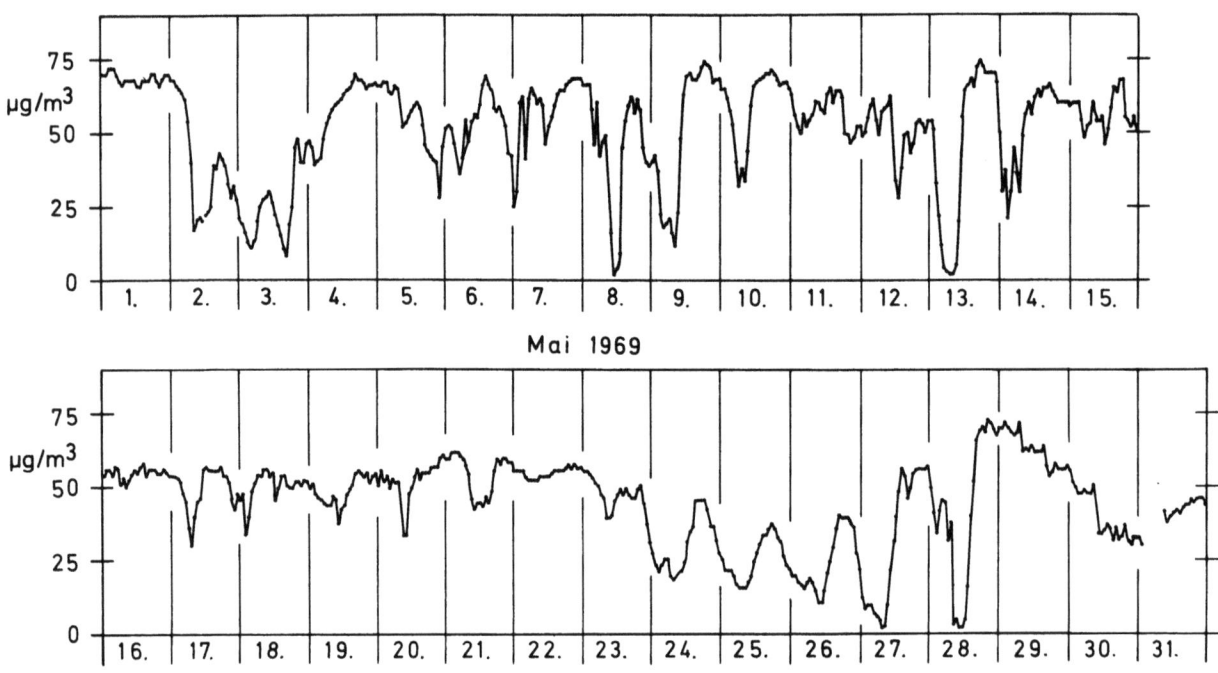

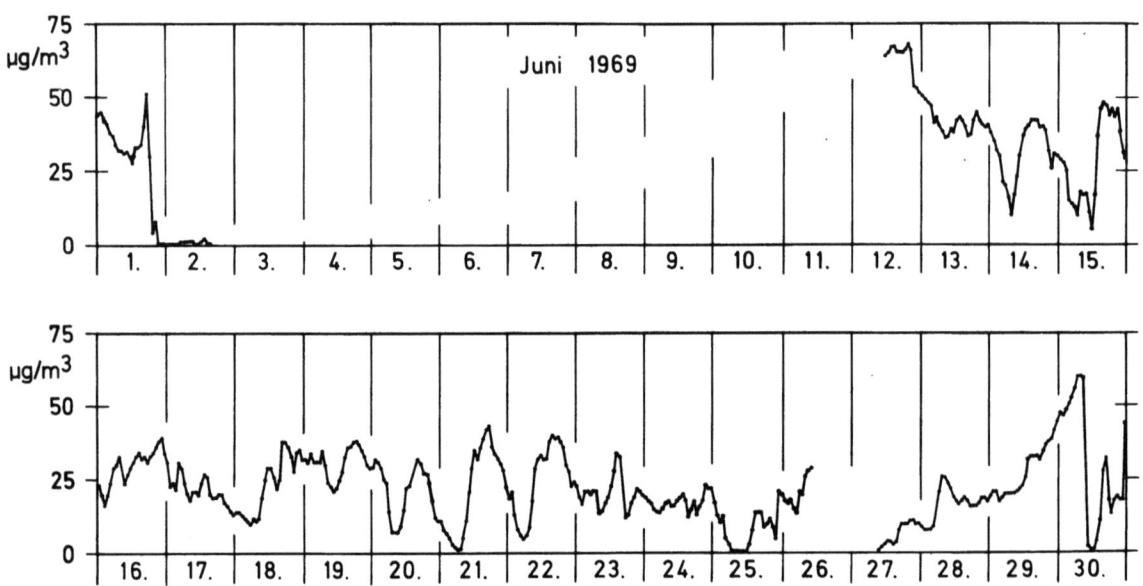

Abb. 33 und 34: Ozon-Registrierungen Norderney

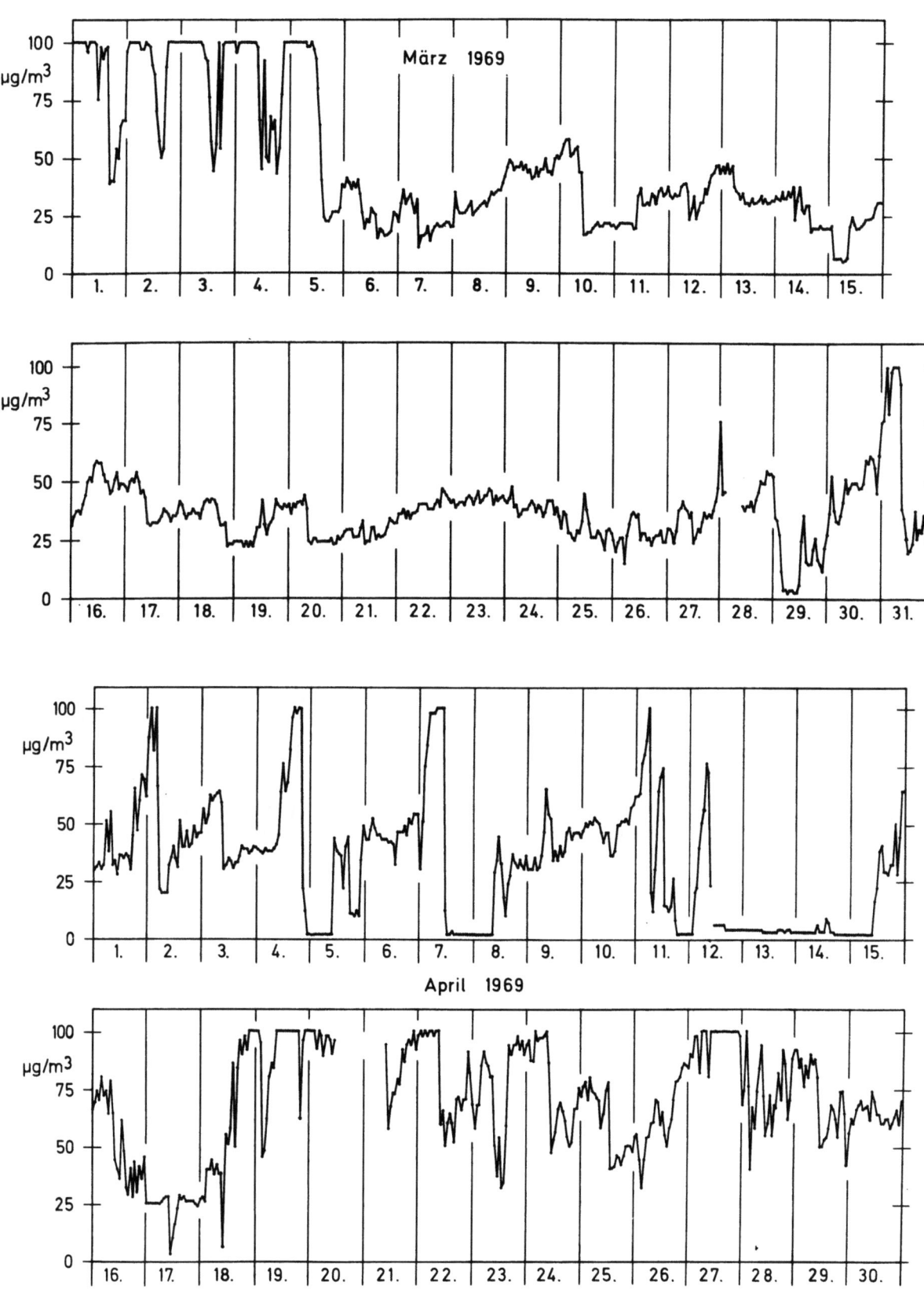

Abb. 35 und 36: Ozon-Registrierungen Zugspitze [3000 m ü. NN]

A.

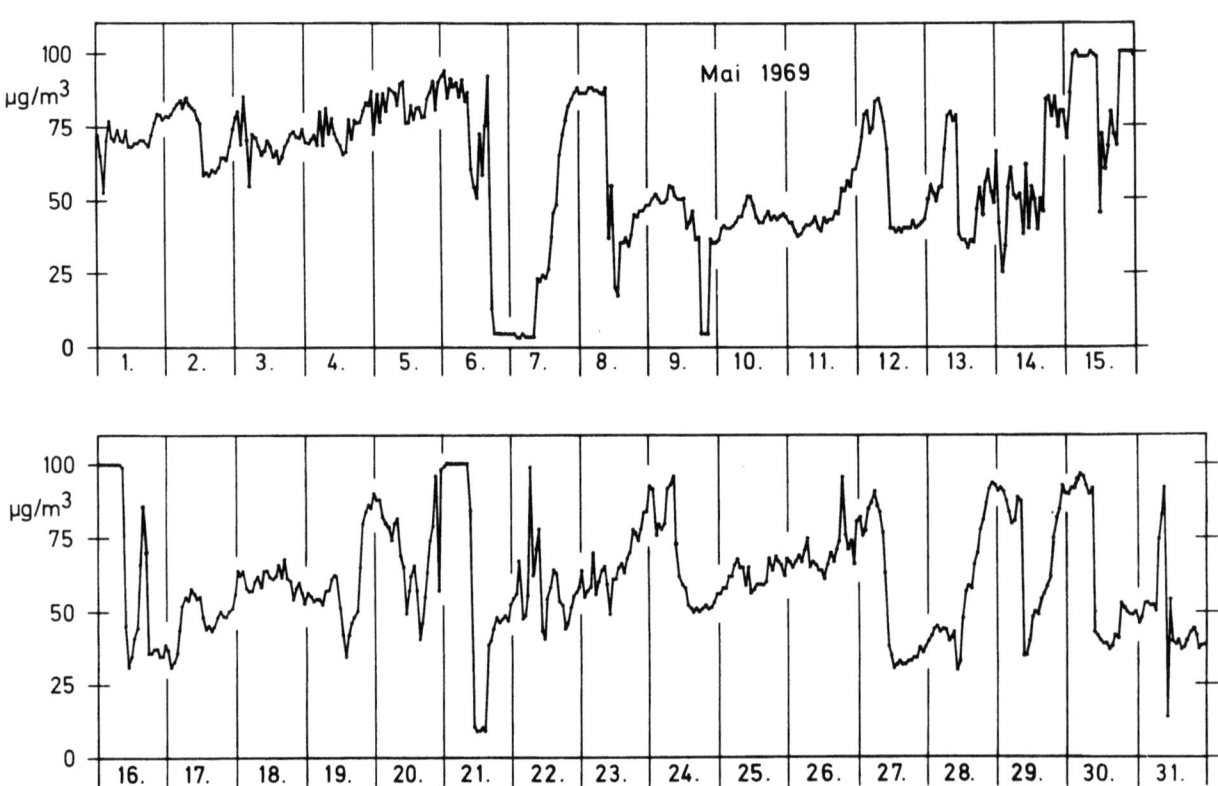

Abb. 37: Ozon-Registrierung Zugspitze [3000 m ü. NN]

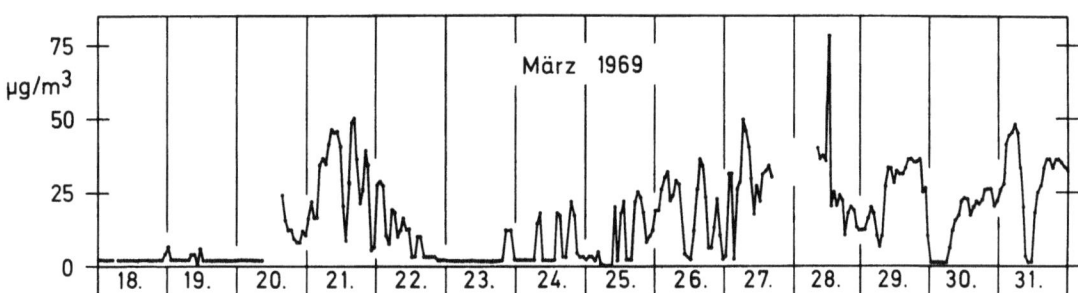

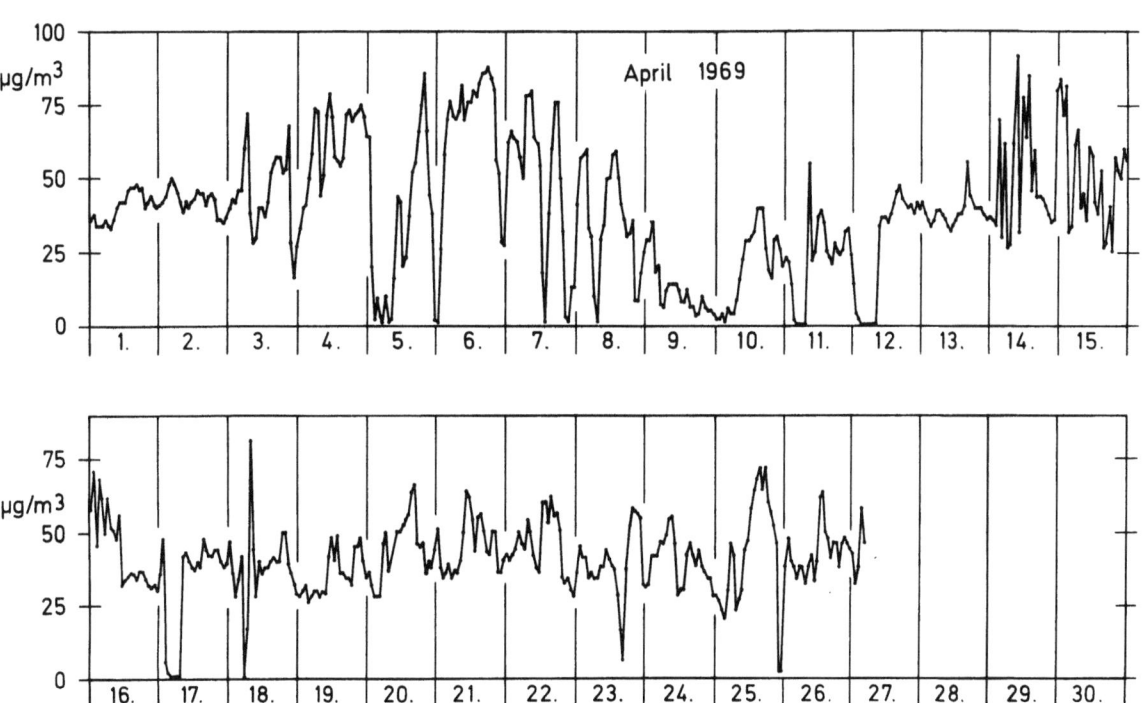

Abb. 38 und 39: Ozon-Registrierungen Clausthal [550 m ü. NN]

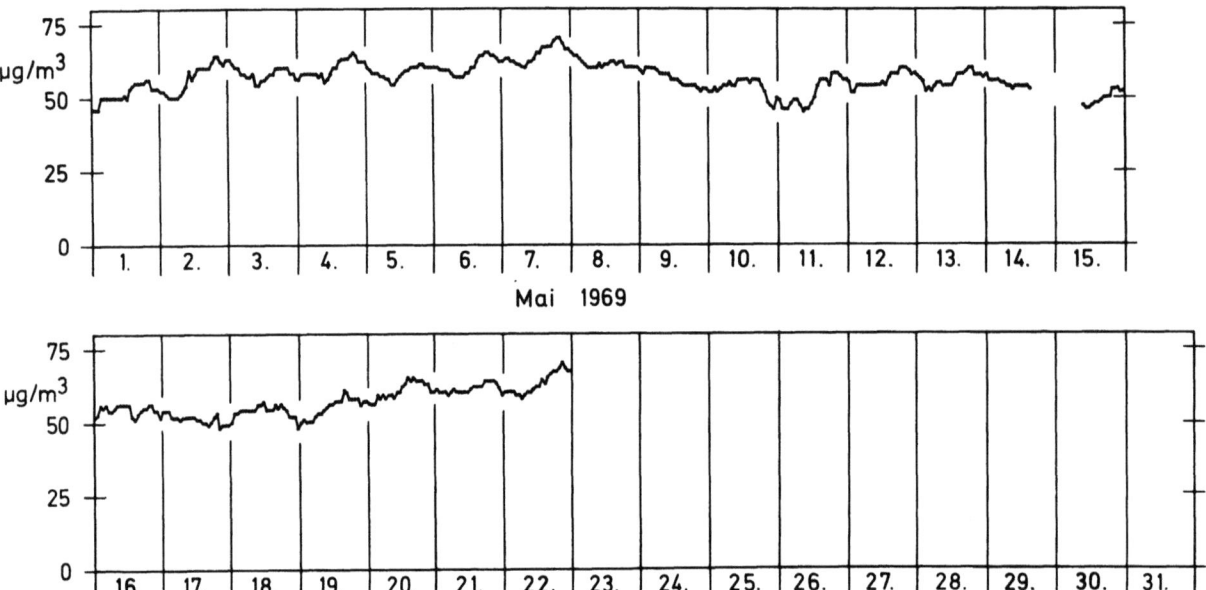

Abb. 40: Ozon-Registrierung Bredkälen / Schweden   [550 m ü. NN]

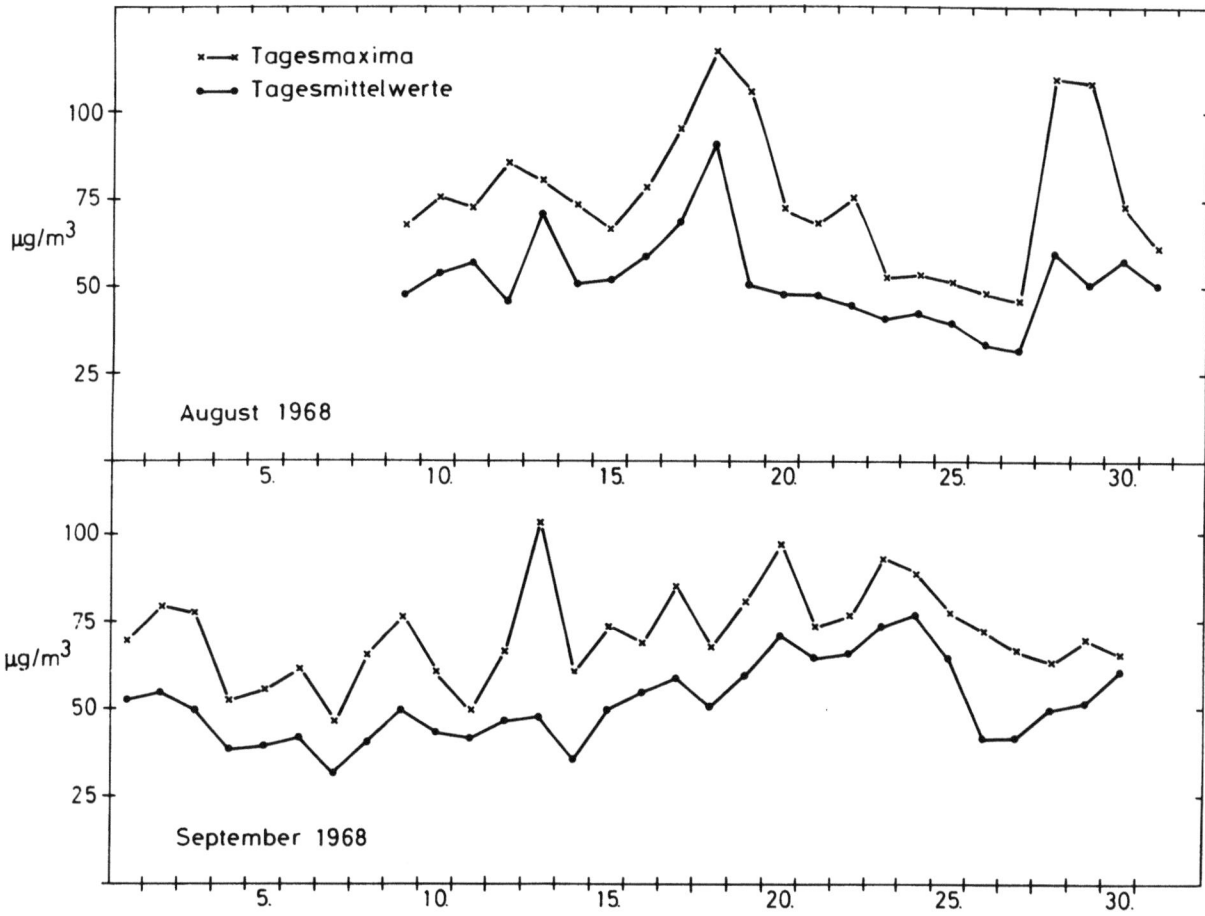

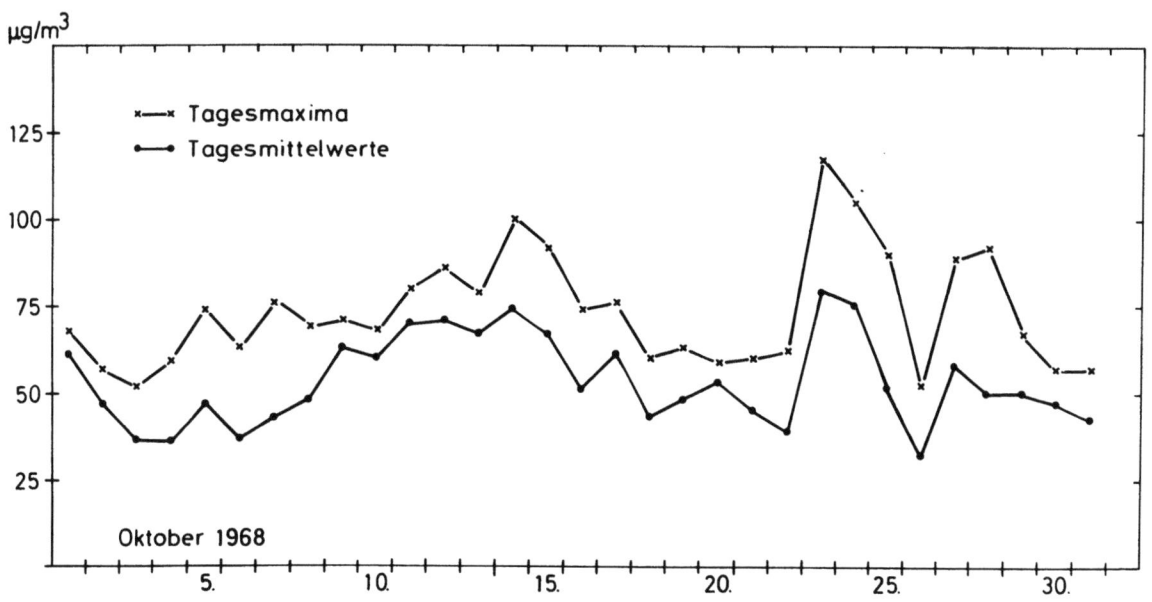

Abb. 41 und 42: Ozon-Meßwerte Hohenpeißenberg

A.

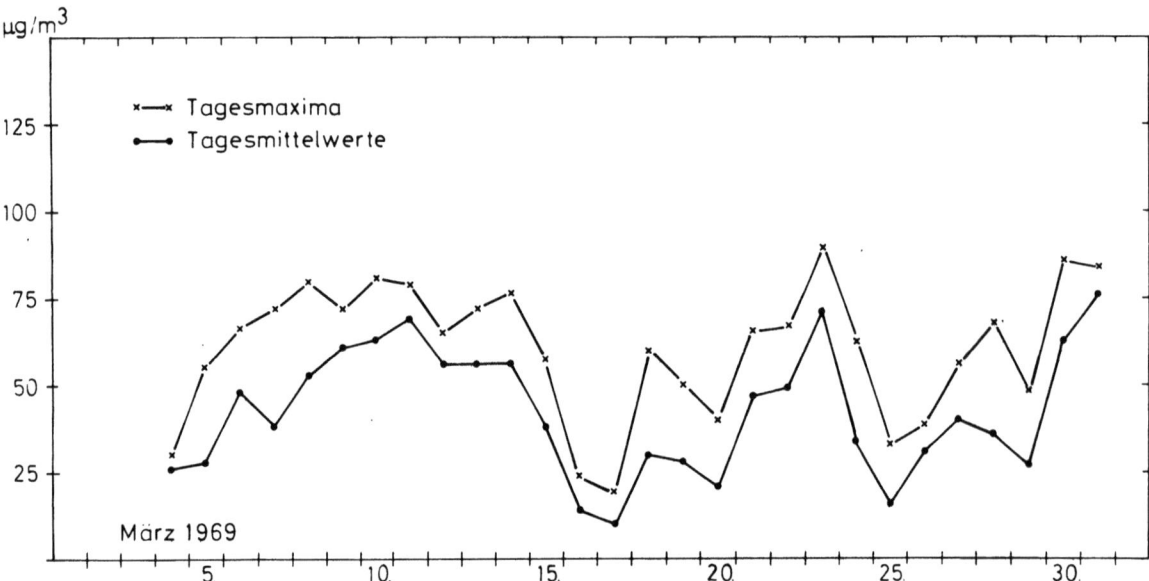

Abb. 43: Ozon-Meßwerte Hohenpeißenberg

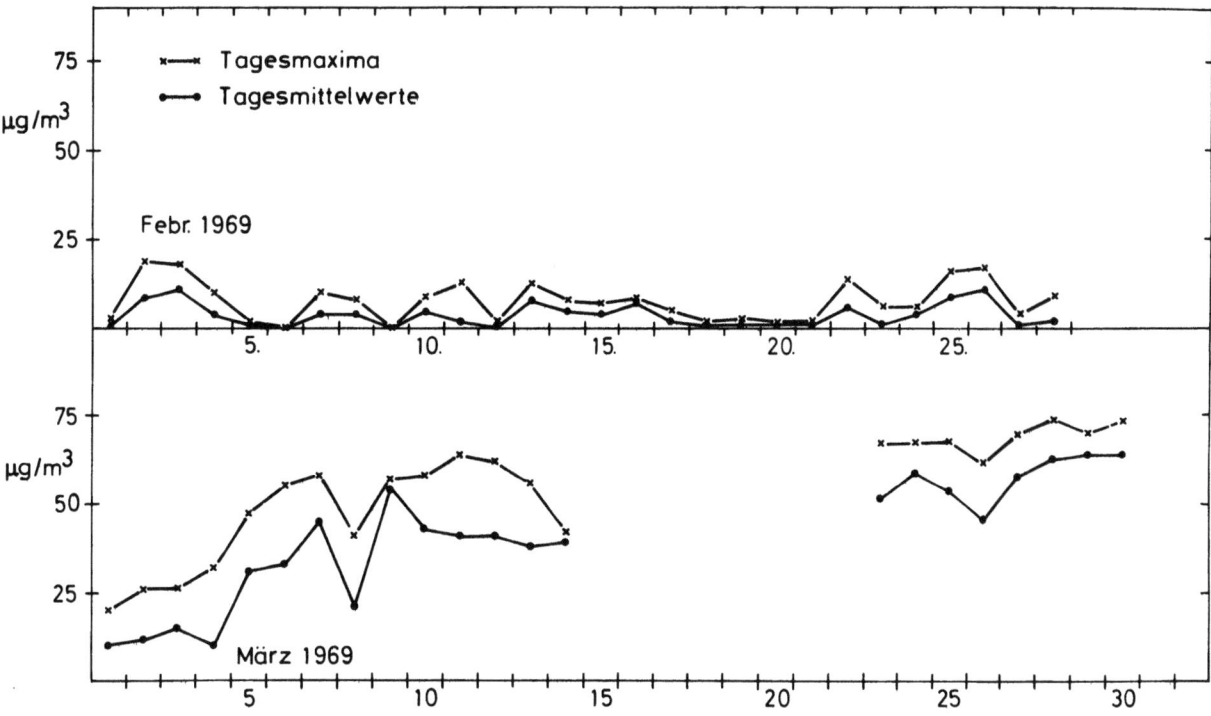
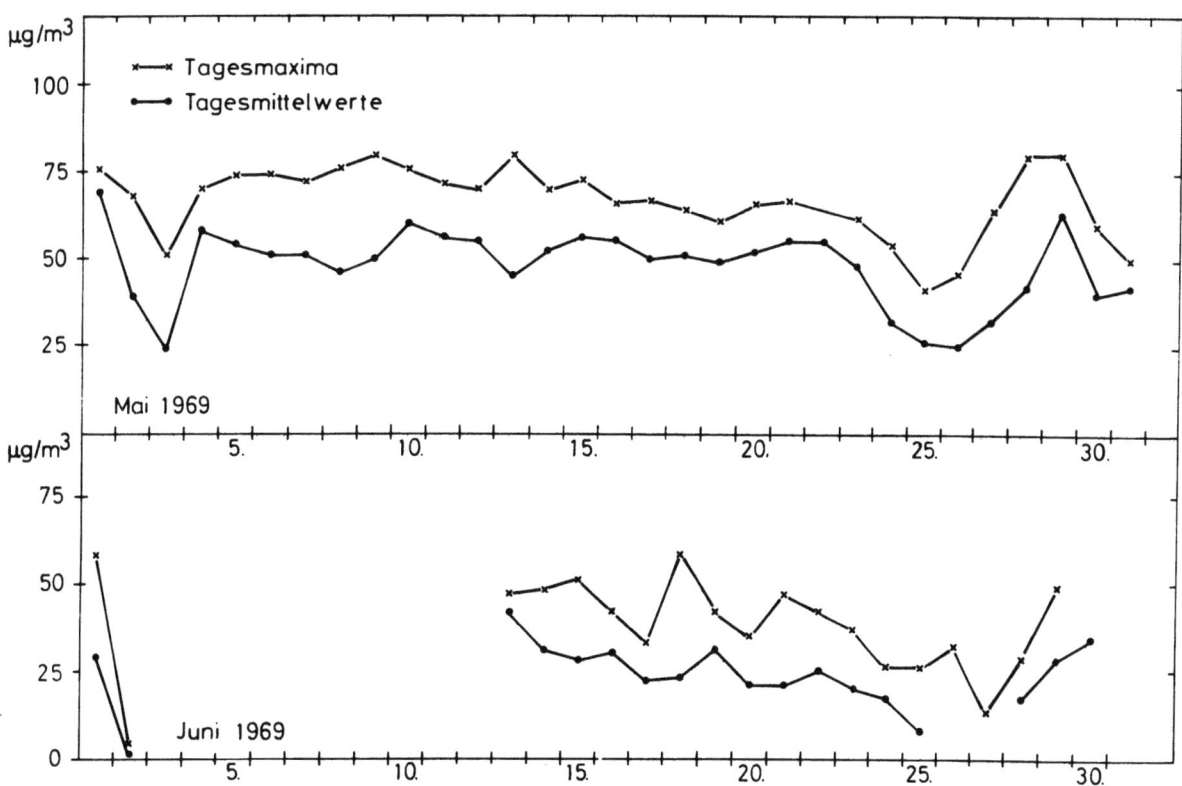

Abb. 44 und 45: Ozon-Meßwerte Norderney

A.

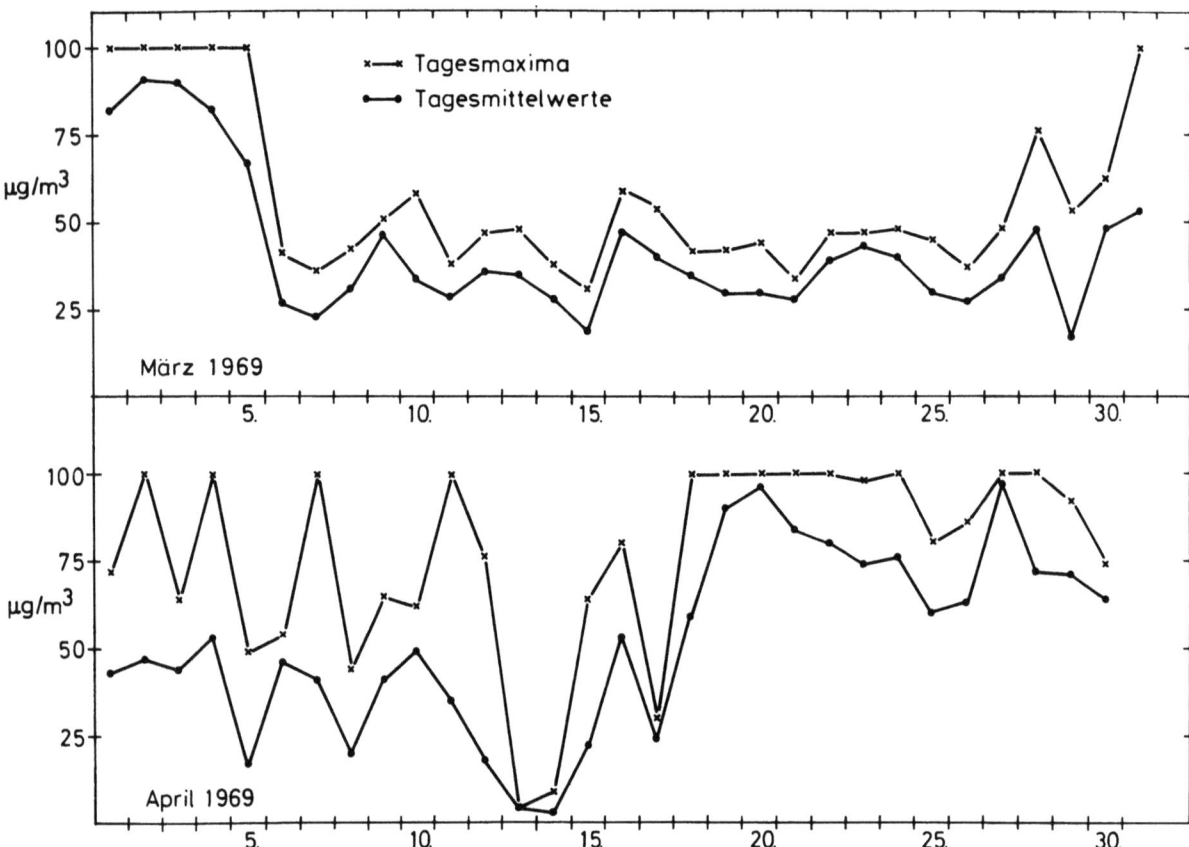

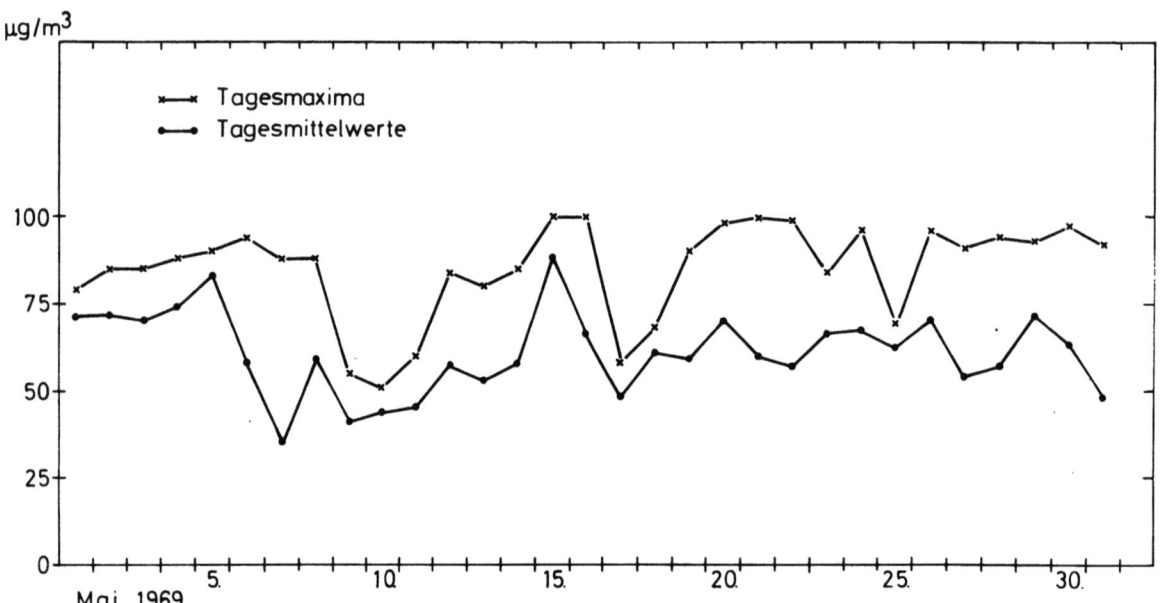

Abb. 46 und 47: Ozon-Meßwerte Zugspitze

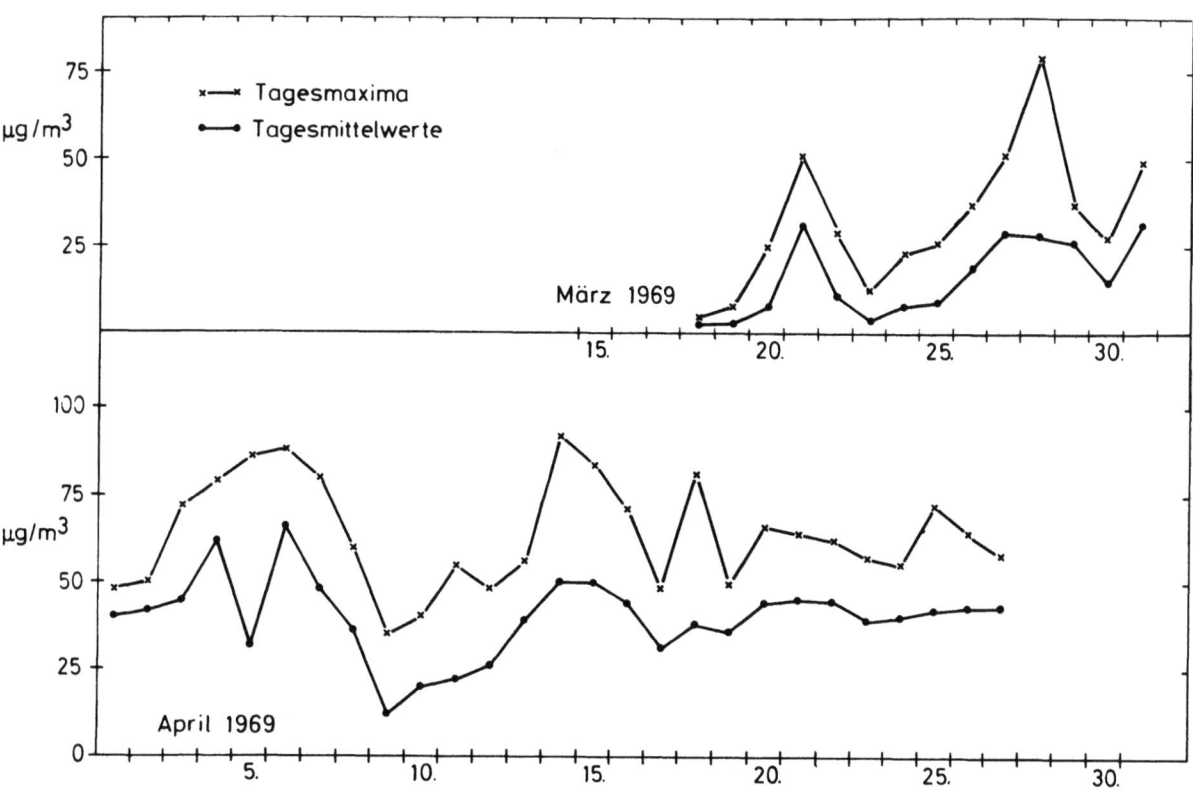

Abb. 48: Ozon-Meßwerte Clausthal / Oberharz

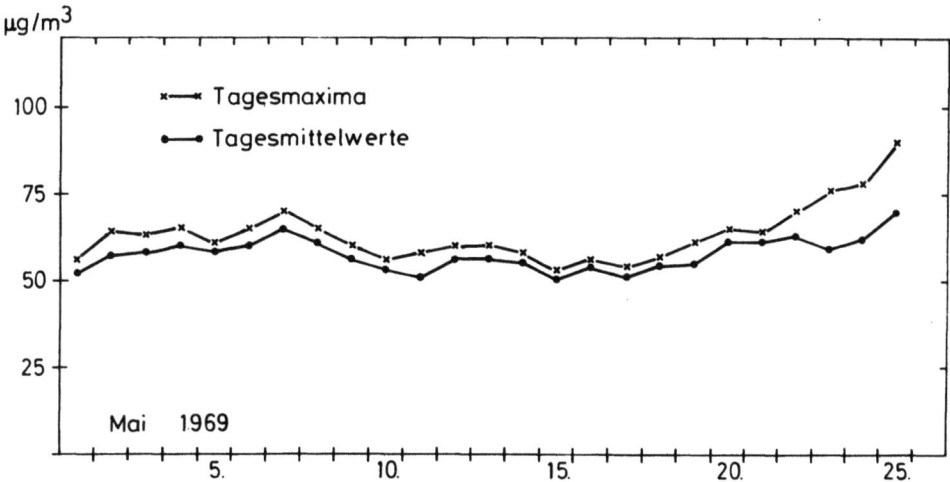

Abb. 49: Ozon-Meßwerte Bredkälen / Schweden

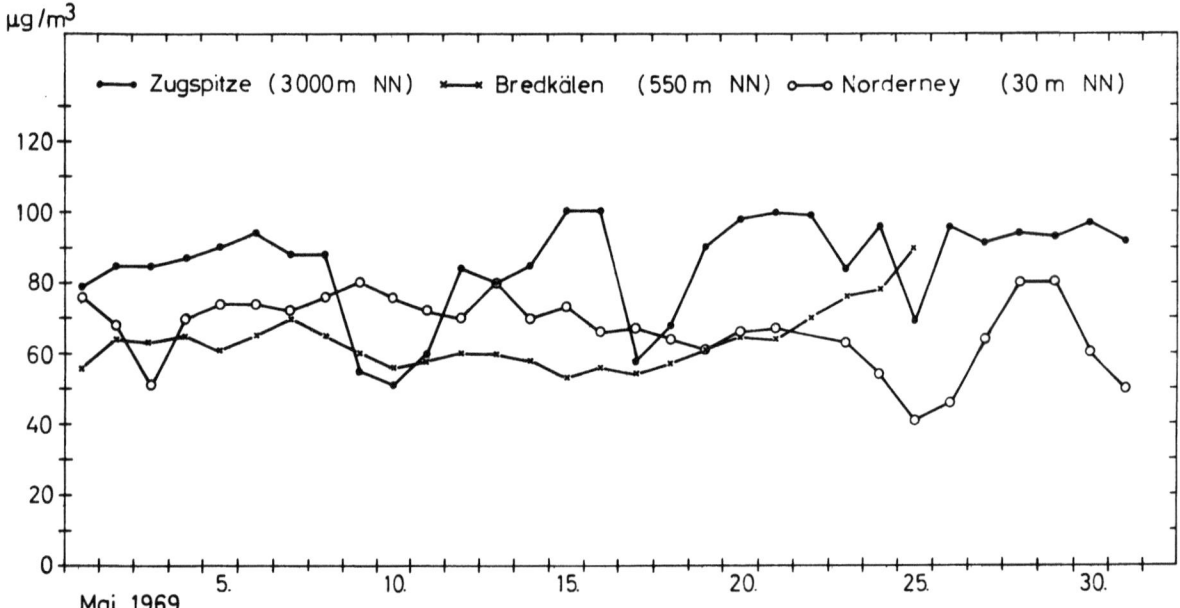

Abb. 50: Vergleich der Ozon-Tagesmaxima

Verzeichnis der Mitteilungen aus dem Max-Planck-Institut für Physik der Stratosphäre

Nr. 1/1953 Über den Beitrag der von μ - Mesonen angestoßenen Elektronen zu den Ultrastrahlungsschauern unter Blei. G. Pfotzer

Nr. 2/1954 Ein Zählrohrkoinzidenzgerät zur Registrierung der kosmischen Ultrastrahlung. A. Ehmert

Eine einfache Methode zur Einstellung und Fixierung des Expansionsverhältnisses von Nebelkammern. G. Pfotzer

Nr. 3/1954 Optische Interferenzen an dünnen, bei -190°C kondensierten Eisschichten. Erich Regener (vergriffen)

Nr. 4/1955 Über die Messung der Temperatur des atmosphärischen Ozons mit Hilfe der Huggins-Banden. H. Zschörner und H. K. Paetzold

Nr. 5/1956 Ein neuer Ausbruch solarer Ultrastrahlung am 23. Februar 1956. A. Ehmert und G. Pfotzer, vergriffen (erschienen Z. Naturforschung 11a, 322, 1956)

Nr. 6/1956 Das Abklingen der solaren Ultrastrahlung beim Ausbruch am 23. Februar 1956 und die geomagnetischen Einfallsbedingungen. A. Ehmert und G. Pfotzer

Nr. 7/1956 Die Impulsverteilung der solaren Ultrastrahlung in der Abklingphase des Strahlungseinbruches am 23. Februar 1956. G. Pfotzer

Nr. 8/1956 Die atmosphärischen Störungen und ihre Anwendung zur Untersuchung der unteren Ionosphäre. K. Revellio

Nr. 9/1956 Solare Ultrastrahlung als Sonde für das Magnetfeld der Erde in großer Entfernung. G. Pfotzer

*

Die vorstehenden Hefte können beim Max-Planck-Institut für Aeronomie, 3411 Lindau angefordert werden.

Mitteilungen aus dem Max-Planck-Institut für Aeronomie

Nr. 1 (S) 1959 Waibel: Messungen von Primärteilchen der kosmischen Strahlung.

Nr. 2 (S) 1959 Erbe: Auswirkung der Variationen der primären kosmischen Strahlung auf die Mesonen- und Nukleonenkomponente am Erdboden.

Nr. 3 (I) 1960 Kohl: Bewegung der F-Schicht der Ionosphäre bei erdmagnetischen Bai-Störungen.

Nr. 4 (I) 1960 Becker: Tables of ordinary and extraordinary refractive indices, group refractive indices and $h'_{o,x}(f)$-curves or standard ionospheric layer models.

Nr. 5 (S) 1961 Schröpl: Über eine Neubestimmung des Absorptionskoeffizienten von Ozon im Ultraviolett bei kleinen Konzentrationen.

Nr. 6 (S) 1961 Erbe: Ergebnisse der Ballonaufstiege zur Messung der kosmischen Strahlung in Weissenau und Lindau.

Nr. 7 (S) 1962 Meyer: Elektromagnetische Induktion eines vertikalen magnetischen Dipols über einem leitenden homogenen Halbraum.

Nr. 8 (I u. S) 1962 Dieminger und Mitarb.: Die geophysikalischen Ereignisse des 12. - 14. November 1960.

Nr. 9 (S) 1962 Pfotzer, Ehmert, and Keppler: Time Pattern of Ionizing Radiation in Balloon Altitudes in High Latitudes.
Part A, Text; Part B, Figures and Diagrams.

Nr. 10 (S) 1963 Waibel: Eine Ballonsonde zur Messung von Röntgenstrahlung und solarer Ultrastrahlung.

Nr. 11 (S) 1963 Voelker: Zur Breitenabhängigkeit erdmagnetischer Pulsationen.

Nr. 12 (S) 1963 Jaeschke: Registrierung von Pulsationen im südlichen Niedersachsen als Beitrag zur erdmagnetischen Tiefensondierung.

Nr. 13 (S) 1963 Meyer: Elektromagnetische Induktion in einem leitenden homogenen Zylinder durch äußere magnetische und elektrische Wechselfelder.

Nr. 14 (S) 1964 Kremser: Über den Zusammenhang zwischen Röntgenstrahlungs-Ausbrüchen in der Polarlichtzone und bayartigen erdmagnetischen Störungen.

Nr. 15 (S) 1964 Keppler: Messung von Röntgenstrahlung und solaren Protonen mit Ballongeräten in der Nordlichtzone.

Nr. 16 (S) 1964 Kirsch: Die Anisotropien der kosmischen Strahlung.

Nr. 17 (S) 1964 Guilino: Ausbau eines Wechsellichtmonochromators und seine Anwendung zur Messung des Luftleuchtens während der Dämmerung und in der Nacht.

Nr. 18 (S) 1965 Pfotzer and Ehmert: Measurements of High Energetic Auroral Radiations with Balloon-Borne Detectors in 1962 and 1963
Part A to C, Text; Part D, Figures and Diagrams.

Nr. 19 (I) 1965 Hartmann: Bestimmung wichtiger Satellitenpositionen mit Hilfe graphischer Darstellungen.

Nr. 20 (S) 1965 Keppler: Über die Eigenschaften von Zählrohren und Ionisationskammern in verschiedenartigen Strahlungsfeldern. - Zur Interpretation von Röntgenstrahlungsmessungen in Ballonhöhe in der Nordlichtzone.

Nr. 21 (S) 1965 Siebert: Zur Theorie erdmagnetischer Pulsationen mit breitenabhängigen Perioden.

Nr. 22 (S) 1965 Meyer: Zur 27 täglichen Wiederholungsneigung der erdmagnetischen Aktivität, erschlossen aus den täglichen Charakterzahlen C 8 von 1884-1964.

Nr. 23 (S) 1965 Frisius: Über die Bestimmung von Längstwellen - Ausbreitungsparametern aus Feldstärkemessungen am Erdboden.

Nr. 24 (I) 1965 Ma: Einfluß der erdmagnetischen Unruhe auf den brauchbaren Frequenzbereich im Kurzwellen-Weitverkehr am Rande der Nordlichtzone.

Nr. 25 (S) 1965 Kremser, Keppler, Bewersdorff, Saeger, Ehmert, Pfotzer, Riedler, Legrand: X - Ray Measurements in the Auroral Zone from July to October 1964.

Nr. 26 (I) 1966 Stubbe: Theoretische Beschreibung des Verhaltens der nächtlichen F - Schicht.

Nr. 27 (S) 1966 Wilhelm: Registrierung und Analyse erdmagnetischer Pulsationen der Polarlichtzone, sowie ein Vergleich mit Bremsstrahlungsmessungen.

Nr. 28 (S) 1967 Fabian: Über eine neue Ozonradiosonde und Untersuchung von Lufttransporten in der unteren Stratosphäre.

Nr. 29 (S) 1967 Specht: Über die Absorptions- und Emissionsstrahlung der atmosphärischen Ozonschicht bei der Wellenlänge 9,6 μ.

Nr. 30 (I) 1967 Rose und Widdel: Ein Meßgerät zur Bestimmung der Strömungsgeschwindigkeit in kurzen Rohren (Ionenzählern) bei niedrigem Gasdruck.

Nr. 31 (I) 1967 Hartmann: Die Amplitudenregistrierungen des Satelliten Explorer 22, unter besonderer Berücksichtigung der Effekte, die bei Elevationswinkeln kleiner als 45° auftreten.

Nr. 32 (I) 1967 Rüster: Lösung von Bewegungsgleichungen und Kontinuitätsgleichung der F - Schicht mit speziellen Anwendungen auf erdmagnetische Baistörungen.

Nr. 33 (S) 1968 Müller: Zur Modulation der kosmischen Strahlung.

Nr. 34 (S) 1968 Münch: Statistische Frequenzanalyse von erdmagnetischen Pulsationen.

Nr. 35 **(S)** 1968 Schreiber: Das Magnetfeld des Ringstroms während der Hauptphase erdmagnetischer Stürme und ein Vergleich mit dem beobachteten D_{st}-Anteil des Störfeldes.

Nr. 36 **(I)** 1968 Elling: Spezielle Näherungsformeln der Appleton-Hartree-Gleichungen zur Interpretation der Absorption einer Mittelwellenausbreitung im nächtlichen E-Gebiet der Ionosphäre.

Nr. 37 **(I)** 1968 Jones: Application of the Geometrical Theory of Diffraction to Terrestrial LF Radio Wave Propagation.

Nr. 38 **(S)** 1969 Zürn: Zum weltweiten Auftreten erdmagnetischer Pulsationen vom Typ pc 4.

Nr. 39 **(S)** 1969 Tiefenau: Untersuchungen an Kanal-Elektronen-Vervielfachern.

Nr. 40 **(S)** 1970: Sonderheft zum 60. Geburtstag von Herrn Prof. Dr.-Ing. G. Pfotzer am 29. November 1969 und Herrn Prof. Dr.-Ing. A. Ehmert am 6. März 1970.

Nr. 41 **(S)** 1970 Stratmann: Berechnung des Wellenfeldes eines Längstwellensenders im Entfernungsbereich bis 1000 km zur kontinuierlichen Sondierung der tiefen Ionosphäre durch Feldstärkemessungen in geeigneten Entfernungen vom Sender.

If you have any concerns about our products,
you can contact us on
ProductSafety@springernature.com

In case Publisher is established outside the EU,
the EU authorized representative is:
**Springer Nature Customer Service Center GmbH
Europaplatz 3, 69115 Heidelberg, Germany**

Printed by Libri Plureos GmbH
in Hamburg, Germany